AF453192

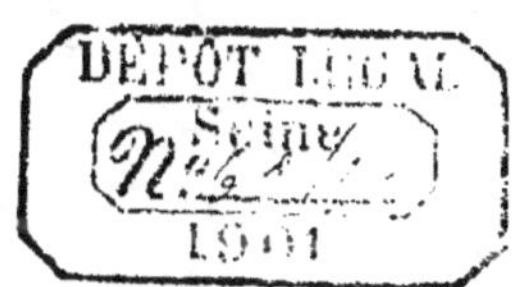

EXPLORATION

SCIENTIFIQUE

DE LA TUNISIE

PUBLIÉE

SOUS LES AUSPICES DU MINISTÈRE DE L'INSTRUCTION PUBLIQUE

ZOOLOGIE. — COLÉOPTÈRES.

EXPLORATION SCIENTIFIQUE DE LA TUNISIE

CATALOGUE RAISONNÉ

DES

COLÉOPTÈRES DE TUNISIE

PAR

LOUIS BEDEL

COMPRENANT

TOUS LES DOCUMENTS DÉJÀ PUBLIÉS OU OBLIGEAMMENT COMMUNIQUÉS
ET SPÉCIALEMENT LE RÉSULTAT DES VOYAGES

DE

MM. VALÉRY MAYET ET MAURICE SEDILLOT

MEMBRES DE LA MISSION DE L'EXPLORATION SCIENTIFIQUE DE LA TUNISIE

PREMIÈRE PARTIE

CICINDELIDÆ — STAPHYLINIDÆ

PARIS

IMPRIMERIE NATIONALE

MDCCCC

NOTICE

SUR LES ENTOMOLOGISTES ET LES EXPLORATEURS

QUI ONT LE PLUS CONTRIBUÉ À FAIRE CONNAÎTRE

LES COLÉOPTÈRES DE LA TUNISIE.

———

ABDOUL-KERIM. — Billette de Villeroche, plus connu sous le nom de caïd Abdoul-Kerim, avait été chargé par le marquis G. Doria, directeur du Musée civique d'histoire naturelle de Gênes, d'explorer la Régence de Tunis et de s'y livrer à des recherches zoologiques. De mars à mai 1873, Abdoul-Kerim a visité successivement Bizerte, Utique, Bir-el-Loubita près Hammamet, Kairouan, Gafsa, Tamerza et les oasis du Chott El-Djerid (El-Oudian, Tozzer et Nefta). Les Coléoptères qu'il a récoltés, au nombre d'environ 450 espèces, sont conservés au Musée de Gênes et constituent la première collection importante rapportée du territoire de la Régence. (Voir *Bibliographie* n° 1.) — Abdoul-Kerim est mort en janvier 1889, à Concarneau.

ALLUAUD (Charles). — M. Ch. Alluaud, ancien président de la Société entomologique de France, est connu par ses voyages aux îles Canaries, sur la côte de Guinée, aux îles Séchelles et à Madagascar. A la suite d'un deuil cruel, il a dû renoncer pour quelques mois aux expéditions lointaines et, accompagné de Mme Alluaud, a parcouru la Tunisie, jusqu'aux Chott, et la région de Tripoli. Arrivé à Tunis le 22 novembre 1898, il a chassé successivement à Bizerte, Sousse, Kairouan, Kerker, El-Djem, Maharès, Oglet Achichina, Gabès, El-Hamma, Biar El-Fedjedj, El-Hafay, Bir Saad, Gafsa, aux gorges de l'Oued Seldja et à Tozzer. Après avoir exploré les environs de Tripoli et pénétré jusqu'au Djebel Gharian, M. et Mme Alluaud sont revenus à Tunis et ont visité Djedeïda, Souk-el-Arba et Aïn-Draham, où ils sont restés jusqu'aux premiers jours de mai 1899. — Les récoltes entomologiques de M. Alluaud ont fourni un appoint considérable et très précieux à la liste déjà longue des Coléoptères de Tunisie et de Tripolitaine.

ANDRÉ (Jean-Jules). — Le docteur André, médecin-major au 15ᵉ bataillon de chasseurs, accompagnait le commandant Roudaire durant la dernière expédition des Chott et en a rapporté quelques Coléoptères. (Voir *Bibliographie* n° 3.)

Antinori (O.). — Le marquis Antinori a pris part à l'expédition italienne aux Chott tunisiens (1875); les Coléoptères qu'il a récoltés proviennent surtout des environs de Gabès (Metouia, El-Hamma) et du Nefzaoua; ils appartiennent au Musée civique de Gênes.

Blanc (Édouard). — Avant de consacrer toute son activité à l'exploration des provinces asiatiques de l'empire russe, M. Éd. Blanc a séjourné pendant plusieurs années, comme garde général des forêts, dans le Sud tunisien; ses recherches entomologiques dans le Bled Thala, à Gabès, dans la région des Chott et jusqu'aux confins de la Tripolitaine, ont donné des résultats importants; il est extrêmement regrettable qu'ils ne soient pas aussi connus qu'ils mériteraient de l'être.

Blanc (Marius). — Naturaliste à Tunis: a récolté quelques Coléoptères rares dans le Sud de la Tunisie.

Bonhoure (Alphonse). — M. Bonhoure, gouverneur des colonies, a fait quelques chasses rapides à Kroussiah, où sa famille possède des propriétés.

Bourgeois (Jules). — En février 1889, M. J. Bourgeois, ancien président de la Société entomologique de France, a fait avec son frère, le commandant Robert Bourgeois, quelques chasses au Djebel Kechbata près Bizerte, à Sousse et aux environs de Gabès.

Bugnion (Édouard). — M. le docteur Bugnion, professeur à l'Université de Lausanne et entomologiste des plus zélés, accompagnait son compatriote le docteur A. Forel lors de son excursion zoologique du côté de Beja.

Buysson (Robert du). — M. R. du Buysson, l'hyménoptériste bien connu, a fait, avec M. Ern. Olivier, un voyage entomologique en Tunisie. De mars à avril 1896, il a visité Tunis, Sousse, Kairouan, Hadjeb-el-Aïoun, etc.; les Coléoptères qu'il a recueillis appartiennent à son frère, M. Henri du Buysson.

Chobaut (Alfred). — Au mois de mai 1899, M. le docteur Chobaut, d'Avignon, a profité de l'ouverture d'une ligne de chemins de fer entre Sfax et Gafsa pour explorer la région désertique de l'Est tunisien. Ses récoltes à la station de Mezouna et dans le Bled Thala ont été particulièrement fructueuses. Il a déjà publié la description de quelques Coléoptères provenant de son voyage, dans le *Bulletin de la Société entomologique de France* [1899].

Doria (Giacomo). — Le marquis G. Doria, sénateur du royaume d'Italie et directeur du Musée d'histoire naturelle dont il a doté la ville de Gênes, est un des naturalistes qui ont le plus largement contribué à l'exploration zoologique de la Tunisie. C'est à lui que l'on doit l'expédition d'Abdoul-Kerim, la plus importante de toutes celles qui ont précédé l'occupation française, et la croisière

du yacht «Violante» sur les côtes de la Tunisie[1]. Lui-même a séjourné long-
temps à Tunis, où il a réuni des collections entomologiques d'une extrême
importance et qui sont communiquées par le Musée de Gênes avec un désintéressement tout scientifique.

DOUMET-ADANSON (Paul-Napoléon). — Doumet-Adanson fut un des premiers explo-
rateurs qui aient rapporté en France quelques spécimens des Coléoptères du
Sud-Est tunisien. En 1884, se consacrant tout entier à ses études botaniques,
il a confié à M. Valéry Mayet, son ami, la recherche plus spéciale des Insectes
tunisiens et tout particulièrement celle des Coléoptères[2].

ELENA (F.). — Elena, avocat génois habitant Tunis, a recueilli de nombreux Coléoptères aux environs de cette ville, notamment à Kamart. Depuis sa mort,
sa collection appartient au Musée d'histoire naturelle de Gênes.

ESCHERICH (Carl). — M. Escherich, entomologiste bavarois, a séjourné, au mois
d'avril 1884, dans l'île de Djerba; il a publié la liste de 89 espèces de Coléoptères qu'il y a récoltés. (Voir *Bibliographie* n° 12.)

FLICK (Paul). — M. le commandant Flick, attaché pendant quinze ans au Service
géographique de l'armée, n'est pas entomologiste, mais il a rapporté de
nombreux Coléoptères, notamment un *Ocladius* nouveau, de ses missions en
Tunisie dont voici la liste : Mateur [1890], Enfida [1892], Sousse et Monastir [1893], Mehedia [1895], Sfax [1896], El-Kef et Kairouan [1897-1899].

FOREL (Auguste). — M. le docteur Forel, de Zurich, bien connu par ses études
sur les Fourmis, a découvert l'*Apteranillus* qui porte son nom (*A. Foreli*
Fauv.) pendant une courte excursion du côté de Beja (cf. *Humboldt*, IX
[1890], 296-306).

GAULLE (Jules DE). — M. de Gaulle, qui s'occupe exclusivement d'Hyménoptères,
a fait, en mai 1898, une excursion entomologique à Bizerte, Tunis, Kairouan, Gafsa et Gabès. Avec un rare désintéressement, il m'a permis de
choisir, parmi les Coléoptères rapportés de ce voyage, tous ceux qui offraient
le plus d'intérêt.

GESTRO (Raphaël). — M. le docteur Gestro, sous-directeur du Musée d'histoire
naturelle de Gênes et entomologiste très éminent, a pris part, en 1877, à
la croisière du yacht «Violante» sur les côtes de Tunisie; il a chassé également
dans la vallée inférieure de la Medjerda. (Voir *Bibliographie* n° 2.)
Avec une complaisance infinie, M. le docteur Gestro met à la disposition

---

[1] La croisière du yacht génois le «Violante», commandé par le capitaine E. d'Albertis,
a eu lieu en 1877.
[2] Voir *Catalogue raisonné des Plantes vasculaires de la Tunisie*, pp. XII-XV.

des spécialistes les richesses du Musée dont il a la garde, et c'est à son aimable insistance que je dois d'avoir sous les yeux les chasses d'Abdoul-Kerim, du marquis Doria et de F. Elena en Tunisie.

Hénon (Adrien). — Ancien interprète de l'armée d'Afrique, ayant gardé jusqu'à sa mort une ardeur toute juvénile, Hénon a consacré les dernières années de sa vie à divers voyages entomologiques en Algérie, en Égypte, dans le Caucase et en Arménie. En 1890, il a fait, avec le docteur Ch. Martin, une excursion à El-Fedja et quelques chasses aux environs de Tunis.

Kobelt (W.). — Le docteur Kobelt, conchyliologiste allemand, a rapporté de ses excursions dans les États barbaresques un assez grand nombre de Coléoptères qui sont conservés par M. Lucas von Heyden, de Francfort; la liste de ceux qu'il a trouvés aux environs de Tunis (juin 1884) comprend 104 espèces. (Voir *Bibliographie* n° 7.)

Lachouque (Georges). — M. le capitaine Lachouque, qui n'est pas entomologiste, a bien voulu récolter pour moi quelques Coléoptères, durant son séjour à Menzel-bou-Zelfa dans la presqu'île du Cap Bon (1894).

Laplanche (Maurice Coujard de). — M. de Laplanche, membre de la Société entomologique de France, a fait, à diverses reprises, des excursions en Tunisie et en a rapporté de nombreux Coléoptères.

Lethierry (Lucien). — Lethierry, coléoptériste et hémiptériste passionné, est le premier entomologiste qui soit allé de La Calle à Tunis, par la voie de terre, à une époque où la frontière de la Régence était fort loin d'être sûre. Malgré les conditions bien précaires dans lesquelles s'est accompli ce voyage improvisé, il en avait rapporté quelques espèces nouvelles ou peu connues.

Letourneux (Aristide). — Botaniste ardent, jurisconsulte, linguiste, voyageur et homme aimable entre tous, Letourneux était l'un des membres les plus actifs de la Mission scientifique de Tunisie. Au cours de ses nombreuses pérégrinations dans le Nord de l'Afrique, il n'oubliait jamais la part des entomologistes et c'est par milliers qu'il a recueilli les Coléoptères qui leur étaient destinés. Malheureusement, faute des soins nécessaires et souvent faute d'indications précises sur leur provenance exacte, ses chasses, distribuées un peu au hasard, sont restées presque toutes inutilisables. (Voir *Bibliographie* n° 4.)

Léveillé (Albert). — M. Léveillé, archiviste de la Société entomologique de France, accompagnait M. Sedillot dans ses quatre premiers voyages en Tunisie (1883 à 1886). C'est à lui que l'on doit quelques-unes des captures les plus remarquables de leur commune récolte.

Lucas (Hippolyte). — Au cours de l'exploration scientifique de l'Algérie, H. Lucas a fait, en 1840, une simple excursion à l'île de la Galite.

Maindron (Maurice). — Voyageur et homme de lettres. M. Maindron ne néglige aucune occasion de se livrer à des recherches entomologiques. Lors de son voyage dans la baie de Tadjoura, il a profité d'une courte escale à Sfax pour chasser sous les murs de cette ville.

Martin (Charles Henri-). — Avant d'étendre ses voyages entomologiques à l'extrême Sud du continent africain, M. le docteur Ch. Martin a fait de grandes excursions en Algérie; au retour de l'une d'elles, il a chassé aux environs immédiats de Tunis et dans la région forestière d'El-Fedja (juin 1890).

Mayet (Valéry). — M. V. Mayet, professeur de zoologie à l'École nationale d'agriculture de Montpellier et membre de la Mission de l'exploration scientifique de la Tunisie, a fait, à ce dernier titre, partie de la mission dirigée par Doumet-Adanson (mars-juin 1884). L'itinéraire du voyage, donné tout au long par Cosson (*Compend. Flor. Atlant.* II, pp. LIII-LVI) et par M. Mayet lui-même (*Voyage dans le Sud de la Tunisie*, 1886), comprend les environs de Tunis, les îles Kerkenna, la route de Sfax à Gafsa, le Bled Thala (région de l'*Acacia tortilis*), les oasis du Bled-el-Djerid, la route de Gafsa à Gabès, l'île de Djerba et Zarzis.

Malgré des difficultés de toutes sortes et grâce à son zèle infatigable pour l'entomologie, M. Mayet a rapporté de cette rapide traversée de la Tunisie une superbe série de Coléoptères rares ou inédits [1] et justifié hautement la mission zoologique dont il avait été officiellement chargé.

Munier (Henri). — Le docteur Munier, médecin-major de l'armée, a été envoyé en Tunisie peu de temps après l'occupation française; chargé d'accompagner des convois de ravitaillement entre Tebessa, Kasserin et Feriana, il a recueilli, en cours de route, un assez grand nombre de Coléoptères. Il a fait également partie d'une mission télégraphique sur l'extrême frontière de l'Algérie, entre Negrin et Debila, et en a rapporté diverses espèces remarquables.

Nanta (Philippe). — En 1894, M. Nanta, pharmacien-major de l'armée, a recueilli à Gabès et à Gafsa divers Coléoptères destinés à M. le docteur Sicard.

Normand (Henry). — M. le docteur Normand, médecin-major de l'armée, est un chasseur habile et d'un zèle à toute épreuve. Il a d'abord exploré avec succès les environs de Tunis, de Gabès et de Kebilli, et ensuite ceux de Teboursouk, où il a remplacé M. le docteur Sicard. Pendant un long séjour à Souk-el-Arba, il a multiplié ses recherches et les a étendues à diverses stations avoisinantes : marais de Bulla-Regia, Camp-de-la-Santé, Fernana, forêt d'El-Fedja, Ghardimaou, etc.

---

[1] Quelques-uns des plus remarquables ont été décrits dans les *Annales de la Société entomologique de France,* années 1887, pp. LXXXIV et XCIV, et 1890, p. CIV.

M. le docteur Normand est l'un des entomologistes qui ont le plus contribué à faire connaître la faune tunisienne, qui, grâce à lui, s'augmente chaque jour de quelque découverte nouvelle.

Noualhier (Maurice). — Après s'être occupé de Coléoptères, Noualhier s'était adonné exclusivement à l'étude des Hémiptères. Obligé par sa santé d'aller chaque hiver sous un climat moins rude que celui du Limousin, il avait réuni de précieuses collections durant ses divers séjours en Afrique. De Tunisie, et notamment de Gabès, il avait rapporté une très belle série de Coléoptères destinée à M. Ch. Alluaud, son compatriote et son ami. Sa mort prématurée (7 avril 1898) a été une perte douloureuse pour tous ceux qui l'ont connu et qui fondaient de si grandes espérances sur cet excellent zoologiste.

Olivier (Ernest). — M. E. Olivier, petit-fils du célèbre entomologiste de ce nom, a fait, avec M. Robert du Buysson, une excursion en Tunisie dont nous avons déjà donné l'itinéraire (voir p. vi).

Orbigny (Henri d'). — Le fils du grand naturaliste Alcide d'Orbigny est lui-même un entomologiste très distingué. Au cours de ses voyages dans les trois États barbaresques, il a visité Tunis en avril 1891 et a rapporté divers Coléoptères des environs de cette ville.

Peyerimhoff (Paul de). — Dans les premiers mois de l'année 1900, M. de Peyerimhoff, garde général des Forêts, a fait une simple excursion en Kroumirie; il a chassé à Aïn-Draham et au Camp-de-la-Santé.

Pic (Maurice). — M. Pic a visité rapidement, au mois de mai 1900, Tunis et ses environs, Djedeïda, Zaghouan, Nebeul, Kroumbalia, Bir-bou-Rekba, Sousse, Sfax, Kairouan, Gafsa et ses environs, Maajen, Feriana, Bou-Chebka, Ghardimaou, Souk-el-Arba et Aïn-Draham.

Quedenfeldt (M.). — Le lieutenant M. Quedenfeldt, de l'armée allemande, s'est livré aux îles Canaries, au Maroc et en Tripolitaine à des recherches techniques dont l'entomologie a largement profité. En se rendant à Tripoli, en 1889, il paraît avoir fait escale à Monastir et peut-être sur d'autres points de la côte tunisienne. (Voir *Bibliographie* n° 8.)

Sahlberg (John). — M. le professeur J. Sahlberg, de l'Université d'Helsingfors, au cours d'un grand voyage entomologique en Orient et sur les côtes méditerranéennes, a fait une tournée en Tunisie (28 mars-21 avril 1899); il a visité Tunis et ses environs, Hammam-el-Lif, le Djebel Reças, Zaghouan, Djedeïda et Mateur. Les Coléoptères qu'il en a rapportés sont en nombre considérable: ceux de la famille des *Staphylinidæ* ont tous été vus par M. Fauvel, qui a bien voulu m'en communiquer la liste.

Sedillot (Maurice). — M. Sedillot a fait, en 1883, un premier voyage entomologique dans la Régence et exploré Gabès, Oudref, Mehamla, Bir Marabot et El-Guettar, d'où il est revenu à Gabès par la même voie ; il a ensuite chassé pendant une quinzaine de jours aux environs de Tunis.

Nommé membre de la Mission de l'exploration scientifique de la Tunisie en 1884, il a entrepris cinq nouveaux voyages, dont voici les itinéraires :

1884. – Sousse, Monastir, Mehedia, El-Djem, Sousse, Sidi-el-Hani, Kairouan, Aïn Cherichira, Kessera, Souk-el-Djema, El-Kef, Nebeur, Souk-el-Arba, Aïn-Draham et forêts de la Kroumirie centrale.

1885. – Constantine, Tebessa, Aïn Bou-Driès, lisière des Hauts-Plateaux algériens jusqu'à Bir Oum-Ali, Feriana, Sidi-Aïch, Gafsa, Aïn Tefel, Ras-el-Aïoun, Tamerza, Midès, Feriana, Kasserin, Sbeïtla, Oued Gilma, Hadjeb-el-Aïoun, Aïn Beïda, Bir Chebika, Kairouan, Sousse.

1886. – Souk-Ahras, forêt de Bou-Mesran, forêts des Ouchteta, El-Fedja, Aïn-Draham, Tabarque.

1887. – Biskra, El-Oued, Nefta, Tozzer, Douz, Kebilli, Bir Ghezen, Sidi-Guenao, Gabès.

1890. – Tebessa, Negrin, Midès, Tamerza, Gafsa, El-Guettar, Bled Thala, les 3 Palmiers, Aïn Mezouna, Sidi-el-Aguereb, Sfax.

Les Coléoptères rapportés de ces six voyages consécutifs forment un ensemble d'environ 1,500 espèces, toutes prises par M. Sedillot ou par M. Léveillé, qui l'a accompagné jusqu'en 1886. C'était alors la collection tunisienne de beaucoup la plus complète, et c'est elle qui a servi de première base à ce travail.

Seurat (Gaston). — M. Seurat, docteur ès-sciences naturelles, a fait pendant le mois de mai 1899 des recherches sur les Insectes qui vivent dans les divers Chênes des forêts de Kroumirie ; il a séjourné surtout à Aïn-Draham [1].

Sicard (Albert). — M. le docteur Sicard, médecin-major de l'armée, est un des premiers entomologistes qui aient séjourné longuement en Tunisie et exploré à fond certaines localités, comme Teboursouk, dont la faune, grâce à lui, est actuellement des mieux connues. Après avoir passé près de deux ans (février 1892–décembre 1893) dans ce même poste, il a été nommé à Gabès où il a résidé presque toute l'année 1894 ; désigné, dans l'intervalle, pour suivre une tournée de recrutement, il a visité Tebessa, Bou-Chebka, Feriana, Sidi-Aïch, Gafsa, Tozzer, le Chott El-Djerid, Nefta, El-Hamma, Moudenin, Zarzis et l'île de Djerba (mai-juin 1894). Rentré à Gabès, il a été envoyé

[1] Voir *Observations biologiques sur les parasites des Chênes de la Tunisie*, par L.-G. Seurat (*Ann. Sc. nat.* XI [1900], tirage à part).

successivement à Tunis et à Bizerte (1895-1896) et, avant son retour en France, a passé un mois à Souk-el-Arba, où son successeur fut précisément M. le docteur Normand, entomologiste comme lui.

VAULOGER DE BEAUPRÉ (Marcel). — M. le capitaine de Vauloger, attaché au Service géographique de l'armée, a pu, grâce à ses fonctions, explorer soigneusement toute la région comprise entre Bizerte et Tunis, notamment Porto-Farina, Utique, le marais de Mabtouha (Gueraat El-Mebtouh) vers l'embouchure de la Medjerda, Sidi-Tabet, etc.; son voyage a duré du 1er janvier à la fin de juin 1891. Il a fait ensuite une excursion rapide à El-Fedja (Kroumirie). — En 1896 (janvier-avril), il a séjourné aux îles Kerkenna et à Sfax et a pu profiter d'une inondation de l'Oued El-Aguereb, à 18 kilomètres de Sfax, pour faire une ample récolte d'espèces hivernales. — Cette année (1900), il a exploré, du mois de mars à la fin de mai, les environs de Kairouan (El-Aouareb, le Djebel Cherichira, Sidi-Mohamed-ben-Ali, El-Aala, etc.), Kessera, Makteur, le Djebel Meghila, les marais de Gilma, Sbeïtla, Tala, Feriana, Gafsa, le Bled Thala et Mezouna.

Par la méthode avec laquelle il chasse et le soin minutieux qu'il met à préparer les matériaux considérables qu'il a recueillis au cours de ses diverses missions dans le Nord de l'Afrique, M. de Vauloger rend à l'entomologie des services inappréciables. (Voir *Bibliographie* n° 14.)

VIBERT (Léon). — Également attaché au Service géographique de l'armée, M. le capitaine Vibert, suivant les conseils et l'exemple du capitaine de Vauloger, a fait quelques récoltes intéressantes à Kroumbalia en 1891, sur la route de Zaghouan au Kef en 1897, et sur la route de Tala à Tebessa en 1899.

WARION (Alfred). — M. le commandant Warion, qui n'est pas entomologiste, a récolté, pendant la campagne de Kroumirie (1881), les premiers Coléoptères que l'on ait rapportés des forêts tunisiennes et a bien voulu me les envoyer par l'entremise de son frère, M. le docteur Camille Warion.

BIBLIOGRAPHIE SPÉCIALE.

1. Fairmaire (Léon). — *Coléoptères de la Tunisie, récoltés par M. Abdul-Kérim* (*Ann. Mus. civ. di Storia nat. di Genova* VII, 475-540, Gênes [1875]).

2. Gestro (Docteur Raphaël). — *Appunti sull' Entomologia tunisina*, crociera del *Violante*, comandato dal capit. E. d'Albertis durante l'anno 1877 (*Ann. Mus. civ. di Storia nat. di Genova* XV, 405-424, Gênes [1880]).

3. Roudaire (Commandant). — *Rapport à M. le Ministre de l'Instruction publique sur la dernière expédition des Chotts*, p. 175 : *Liste des Insectes recueillis par M. le docteur André pendant l'Expédition des Chotts* [1881].

4. Lefèvre (Édouard), avec le concours de MM. L. Fairmaire, de Marseul et le docteur Sénac. — *Liste des Coléoptères recueillis en Tunisie en 1883 par M. A. Letourneux* (*Exploration scientifique de la Tunisie* [1885]).

5. Mayet (Valéry). — *Voyage dans le Sud de la Tunisie*, avec carte d'itinéraire (*Bulletin de la Société languedocienne de géographie* [1885-1886], Montpellier [1886]).
   Obs. Une autre édition, abrégée, a été publiée à Paris en 1887.

6. Fauvel (Albert). — *Les Staphylinides du Nord de l'Afrique* (*Revue d'Entomologie* V, 9-101, Caen [1886]).

7. Heyden (Lucas von). — *Zusammenstellung der von Herrn Dr. med. W. Kobelt von seiner Reise in den Provinzen Alger und Constantine sowie von Tunis mitgebrachten Coleopteren* (*Bericht Senckenberg. naturf. Gesellsch. zu Frankfurt am Mein* [1886], 50-55).

8. —— *Aufzählung von Käfer-Arten aus Tunis und Tripolis aus Loosen von M. Quedenfeldt* (*Deutsche ent. Zeitschr.* [1890], 64-78).

9. Bedel (Louis). — *Catalogue raisonné des Coléoptères du Nord de l'Afrique* (*Maroc, Algérie, Tunisie et Tripolitaine*), 1re partie, 1-208, Paris [1895-1900]. — (En cours de publication).

10. Régimbart (Docteur Maurice). — *Contributions à la faune entomologique de l'Afrique, Dytiscidæ et Gyrinidæ* (*Mém. Soc. entom. de Belgique* IV [1895]).

11. Royère (Jean). — *Contribution à l'étude des Coléoptères de la Tunisie* (*Revue tunisienne, organe de l'Institut de Carthage* III, 236-265, erratum 352-358, Tunis [1896]).
    Obs. Il n'a été tenu aucun compte des renseignements de pure fantaisie consignés dans ce mémoire, qui ne peut être cité qu'à titre de curiosité.

BIBLIOGRAPHIE SPÉCIALE.

12. Escherich (Carl). — *Beitrag zur Fauna der tunisischen Insel Djerba* (*Verhandl. zool.-botan. Gesellsch. in Wien* XLVI [1896]). — Tiré à part.

13. Fauvel (Albert). — *Catalogue des Staphylinides de Barbarie* (*Revue d'Entomologie* XVI, 237-371 et XVII, 93-113, Caen [1897-1898]).

14. Vauloger (Marcel de). — *Contribution au Catalogue des Coléoptères du Nord de l'Afrique : Helopini* (*Ann. Soc. ent. de France*, année 1899 [juin 1900], 669-722).

CATALOGUE RAISONNÉ

DES

COLÉOPTÈRES DE TUNISIE.

CARABOIDEA

FAM. I. **CICINDELIDÆ.**

TRIB. I. **MEGACEPHALINI.**

Gen. **TETRACHA** Hope [1838].

T. Euphratica Latr. et Dej. [1822] *Hist. nat. et Icon. Col.* 37, tab. 1, fig. 4; J. Thoms. *Mon. Cicind.* 29, tab. 4, fig. 7-8.

Terrains argilo-sableux et salés, dans un terrier vertical; sort de grand matin et après le coucher du soleil. — *Kairouan* (Sedillot), *Sfax*, îles *Kerkenna*, *Chott El-Gharsa* (V. Mayet), *Chott El-Fedjedj* (Letourneux), *Aïn Saïden* (Dʳ Normand), *Gabès*, île de *Djerba* à *Houmt-Souk* (Dʳ Sicard), bords de la *Sebkha El-Melah* (Letourneux).

Algérie, SE de l'Espagne, Arménie, Mésopotamie, Syrie, Sinaï, Basse-Égypte, Djibouti, bouches de l'Indus, région Transcaspienne.

TRIB. II. **CICINDELINI.**

Gen. **CICINDELA** L. [1758].

Sect. I. *Neolaphyra* Bed.

C. leucosticta Fairm. [1859] in *Ann. Soc. ent. Fr.* [1858], 745; Bed. *Cat. Col. N. Afr.* 1, 4 et 7; Bourgeois in *Bull. Soc. ent. Fr.* [1897], 42. — (Var.) *simulans* Bed. [1895], *loc. cit.*

Plaines argilo-sableuses. — *Nebeul* (Pic), *Dj. Recas* (J. Sahlberg), *Kasserin*, *Kairouan*, *Bahirt Kerker* sur la route d'*El-Djem* (Sedillot), *Oued Batcha* au SO de *Sfax* (V. Mayet), *Mezouna* (Dʳ Chobaut).

Espèce spéciale à la Tunisie.

Obs. 1. Se distingue du *C. Truquii* par ses tarses postérieurs au moins aussi longs que les tibias et par son prothorax plus carré, à côtés rectilignes.

Obs. 2. C'est le «*C. Pelletieri*» signalé de l'Oued Batcha par V. Mayet (*Voyage*, 50) et le «*C. Ritchi*» cité de Kairouan par Lefèvre (*Liste Col. Tunis.* 3).

C. Truquii Guér. [1855] in *Rev. et Mag. Zool.* [1855], 254 ; Bed. *Cat. Col. N. Afr.* I, 4 et 7 ; Bourgeois in *Bull. Soc. ent. Fr.* [1897], 42.

Plaines argilo-sableuses. — De *Feriana* à *Gafsa* (Sedillot) et de *Tamerza* (Éd. Blanc) à *Gabès* (Dr Sicard).

Algérie.

Obs. Parmi les nombreux *C. Truquii* rapportés de Gafsa par M. Ch. Alluaud, figure un individu dont les élytres sont bordés de blanc comme ceux des *C. leucosticta* typiques. M. le Dr Chobaut en a trouvé, dans la même localité, un exemplaire chez lequel la bordure blanche s'étend déjà jusqu'au milieu des côtés.

Sect. II. *Chætostyla* Ganglb.

C. flexuosa Fabr. [1787] *Mant. Ins.* I, 186 ; Bed. *Cat. Col. N. Afr.* 1, 3 et 8. — (Var.) *circumflexa* Dej. [1831]. — (Var.) *Sardoa* Dej. [1831]. — (Subvar.) *egena* Beuthin [1892].

Plages sablonneuses et plus ou moins salées du littoral, des chott, etc. — *Fernana* (Dr Normand), *Kairouan*, *Gafsa*, *Tozzer*, *Kebilli*, etc. ; tout le littoral, de *Bizerte* à *Zarzis* (Dr Sicard).

Bassin méditerranéen et littoral de l'Océan.

Sect. III. *Cicindela* s. str.

C. lunulata Fabr. [1781] *Sp. Ins.* 284 ; Bed. *Cat. Col. N. Afr.* I, 4 et 8. — *Barbara* Lap.-Cast. [1840].

Plages maritimes et bords des eaux salées, dans les endroits les plus chauds. — Tout le littoral, du golfe de *Tunis* à *Gabès* ; aussi dans l'intérieur, notamment dans la vallée de la *Medjerda*, la région de *Gafsa*, etc., jusqu'aux Chott.

Var. ς. littoralis Fabr. [1787] *Mant. Ins.* 1, 185 ; Bed. *loc. cit.* 4 et 9.

Moins répandue que le type, mais souvent dans les mêmes localités. — Canal de *Bizerte* (Dr Sicard), *La Goulette* (V. Mayet), vallée de la *Medjerda* (Dr Normand) ; ordinairement d'un brun bronzé, passant rarement au vert.

Littoral de la Méditerranée, de l'Océan et de la Manche.

C. aulica Dej. [1831] *Sp.* V, 250 ; Bed. *Cat. Col. N. Afr.* I, 5 et 9. — *Hesperidum* Woll. [1861].

Région du littoral. Bords de l'*Oued Gabès*, île de *Djerba* à *Houmt-Souk* (Dr Sicard).

Basse-Égypte, littoral de la mer Rouge, baie de Tadjoura, îles du Cap Vert, Sénégal. Arabie, bouches de l'Indus.

C. Maura L. [1758] *Syst. Nat.* ed. 10, 1, 407 ; Bed. *Cat. Col. N. Afr.* 1, 5 et 9.

Bords des oued, des canaux d'irrigation, etc., sur l'argile humide ; mai à juillet. — De *Bizerte* à *Tunis* et de la vallée de la *Medjerda* jusqu'au *Nefzaoua* (Dr Normand) et à *Zarzis* (Dr Sicard).

Algérie, Maroc, Espagne, Sicile.

C. campestris L. [1758] *Syst. Nat.* ed. 10, 1, 407; Bed. *Cat. Col. N. Afr.* 1, 5 et 10. — (Var.) *Maroccana* Fabr. [1801]; Lucas in *Expl. Alg.* II, tab. 1, fig. 1.

Clairières exposées au soleil, dès la fin de l'hiver. - *Tabarque* (Séguy), *Aïn-Draham* (Alluaud), *Fernana* (Dr Normand), *Feriana* (M. Blanc), *Sidi-Aïch* (Dr Sicard).

Tripolitaine (Alluaud), Algérie, Maroc, Europe, Asie occidentale.

C. Lyoni Vigors [1825] in *The Zool. Journal* 1, 414, tab. 15, fig. 3; Bed. *Cat. Col. N. Afr.* I, 9 et 11 et in *Bull. Soc. ent. Fr.* [1898], 261, fig. 2. — *Barthelemyi* Gory [1838]. — *Latreillei* ‖ Dej. [1821]. — (Var.) *virescens* Beuthin [1894]. — (Var.) *Normandi* Bed. in *Bull. Soc. ent. Fr.* [1898], 261, fig. 1.

Plages maritimes; juin à novembre. — *Carthage* (Vauloger), *Hammam-el-Lif* (Hauser), *Gabès* (Dr Sicard), île de *Djerba* surtout du côté du *Bordj El-Kantara* (V. Mayet) et d'*Houmt-Souk; Zarzis* (Dr Sicard).

Tripolitaine (sec. Beuthin)?

C. littorea Forskål [1775] var. **Goudoti** Dej. [1829] *Iconogr.* 40, tab. 5, fig. 2; Bed. *Cat. Col. N. Afr.* I, 6 et 12.

Terrains salés du littoral. — *Bizerte* au bord de l'*Oued Tindja* (Dr Sicard), *La Goulette* (Vauloger); *Sfax* (Dr Normand).

Algérie, Maroc, Andalousie, Sardaigne, Sicile, Syrie, littoral de la mer Rouge.

C. circumdata Dej. et Latr. [1822] var. **imperialis** Klug [1834] *Jahrb. Ins. Mus.* 26; Bed. *Cat. Col. N. Afr.* I, 6 et 12.

Terrains salés du littoral. — *Tunis* (Dr Normand); *Sfax, Gabès,* île de *Djerba* (V. Mayet), *Zarzis* (Dr Sicard).

Algérie, bassin méditerranéen.

C. trisignata Dej. et Latr. [1822] *Hist. nat. et Icon. Col.* 54, tab. 4, fig. 7; Bed. *Cat. Col. N. Afr.* I, 6 et 12. — (Var.) *Siciliensis* W. Horn.

Plages du littoral. — *Bizerte* (Dr Sicard), *La Goulette* (Vauloger), *Hammam-el-Lif* (Dr Normand).

Littoral de la Méditerranée, de l'Océan et de la Manche.

Sect. IV. *MYRIOCHILE* Motsch.

C. melancholica Fabr. [1798] *Suppl. Ent. Syst.* 63; Bed. *Cat. Col. N. Afr.* I, 5 et 13.

Bords des eaux, notamment des canaux d'irrigation; terrains argileux.   Vallée de la *Medjerda* (Dr Gestro). *La Goulette* (Vauloger), *Herkla* (Dr Gestro), *Sfax*

(V. Mayet), *Kairouan* (Abdoul-Kerim), *Mezouna* (Dr Chobaut), *Khanguet Oum-Ali* (Doumet), *Gueraat El-Fedjedj*, *Oudref* (V. Mayet), *Gabès* (Dr Normand).

Algérie, Maroc, Andalousie, Sicile, Grèce, Asie occidentale, Égypte, Guinée, etc.

FAM. II. **CARABIDÆ.**

TRIB. I. **CARABINI.**

Gen. **CALOSOMA** Weber [1801].

Sect. I. *CALOSOMA* s. str.

C. inquisitor L. [1758] var. **Batnense** Lallemant [1868] in *Soc. climat. d'Alger* [1868], 35; Bed. *Cat. Col. N. Afr.* I, 18 et 19.

Forêts des régions élevées, sur les *Quercus* ou sous les feuilles mortes, à la recherche des chenilles; printemps. — *Kroumirie : Aïn-Draham* (Schædelin); *El-Fedja* (D^r Ch. Martin, Dr Normand).

Algérie, Europe, Caucase, Asie Mineure, Liban.

Obs. La var. *Batnense* est spéciale au Nord de l'Afrique.

Sect. II. *CALLIPARA* Motsch.

C. sycophanta L. [1758] *Syst. Nat.* ed. 10, 1, 414; Bed. *Cat. Col. N. Afr.* I, 18 et 19.

Sur les arbres envahis par les chenilles. — *Bizerte* (Dr Sicard), *Hammam-el-Lif* (Séguy), territoire des *Ouchteta* (Letourneux).

Algérie, Maroc, Europe, Asie occidentale.

Sect. III. *CHARMOSTA* Motsch.
(*Compalita* Motsch.)

C. Algericum Gehin [1885] *Cat. Carab.* 62, tab. 9, fig. 13 et 14; Bed. *Cat. Col. N. Afr.* I, 18 et 19; Reitt. *Bestimm.-Tabell.* XXXIV, 14.

Région désertique. — *Midès*, *Oglet El-Rechid* (Sedillot).

Sahara algérien.

C. Olivieri Dej. [1831] *Sp.* V. 559; Bed. *Cat. Col. N. Afr.* I, 18 et 20. — *Azoricum* Heer [1860]; Reitt. *loc. cit.* 49.

Région désertique, terrains sablonneux; souvent dans les terriers des Gerboises et autres Rongeurs. La larve, décrite par V. Mayet (cf. *Ann. Soc. ent. Fr.* [1887] Bull. p. 173), se nourrit de chenilles et même de larves de Diptères, qu'elle va chercher jusque dans les déjections des chevaux. — *B'ed Thala* (Sedillot), *Gafsa*,

Bir Marabot, Tozzer (V. Mayet); *Nefzaoua* (Dr Normand). région de *Gabès* (Dr Sicard), etc.

Tripolitaine, Algérie, Maroc (Sud). Canaries orientales, Açores. Mésopotamie, région Transcaspienne.

C. Maderæ Fabr. [1775] *Syst. Ent.* 237 : Bed. *Cat. Col. N. Afr.* I, 18 et 20. — *indagator* Fabr. [1787].

Dunes, prés secs, silos, etc. — Toute la Tunisie au delà de la *Medjerda* et dès *Tunis.*

Tripolitaine. Algérie, Maroc, Canaries. Madère, Europe méridionale.

Gen. **CARABUS** L. [1758].

Sect. I. *EURYCARABUS* Géhin.

C. Numida Lap.-Cast. [1834] *Études ent.* 88 : Bed. *Cat. Col. N. Afr.* I, 24 et 27 [1].

Var. β. **Lucasi** Gaubil [1849]; Bed. *loc. cit.* 24 et 27.

Collines et montagnes, surtout dans les parties boisées. — Tout le NO de la Tunisie (Sedillot); la var. *Lucasi* se trouve surtout aux environs de *Tunis* (Vauloger), à *Teboursouk* (Dr Sicard) et à *Kessera* (Vauloger).

Algérie.

Sect. II. *MACROTHORAX* Desm.
(*Dorcocarabus* Reitt.)

C. morbillosus Fabr. [1792] *Ent. Syst.* I, part. 1, 130; Bed. *Cat. Col. N. Afr.* 24 et 30 ; V. Mayet in *Ann. Soc. ent. Fr.* [1887] Bull. p. 174 (larva tantum descripta).

Plaines et montagnes, endroits frais découverts, sous les pierres. — Tout le Nord de la Tunisie; dans l'Est jusqu'à *Kairouan* et à *Gabès.*

Algérie. Baléares, Corse. Sardaigne, Sicile.

TRIB. II. **NEBRIINI.**

Gen. **NEBRIA** Latr. [1802].

Sect. I. *EURYNEBRIA* Ganglb.

N. complanata L. [1767] *Syst. Nat.* ed. 12, I, part. II, 671 : Bed. *Cat. Col. N. Afr.* I, 32.

Plages sablonneuses du bord de la mer; sous les épaves, les détritus, les pierres. — *Bizerte* (Vauloger), cap *Kamart* près *Tunis* (Elena), *Monastir* (Sedillot).

Littoral de la Méditerranée (jusqu'en Italie) et littoral de l'Océan (de la province de Tanger à l'Irlande).

---

[1] En 1895, j'ai considéré le *C. Numida* et ses diverses variétés comme devant se rattacher au *C. Famini* Dej., de Sicile. — M. A. de Sémenow (*Hor. Soc. ent. Ross.* [1898], 253) pense que ce sont deux espèces distinctes et provisoirement je me range à son opinion, qu'il m'est impossible de contrôler actuellement.

Sect. II. *NEBRIA* s. str.

N. Andalusiaca Rambur [1837] *Faune Andal.* 64; Bed. *Cat. Col. N. Afr.* I, 32 et 33.

Endroits frais, surtout dans les terrains accidentés et ombragés, sous les pierres, les feuilles mortes, etc. — Tout le Nord de la Tunisie.

Algérie, Maroc, Espagne.

N. rubicunda Quensel [1808] ap. Schönh. *Syn. Ins.* I, 186; Bed. *Cat. Col. N. Afr.* I, 32 et 33.

Endroits frais, près des sources et au bord des ruisseaux, sous les pierres presque immergées. — Tout le Nord de la Tunisie.

Tripolitaine, Algérie, Maroc, Andalousie.

GEN. **LEÏSTUS** Frölich [1799].

L. fulvus Chaud. [1846] *Enum. Car. Cauc.* 105; Bed. *Cat. Col. N. Afr.* I, 35. — *Sardous* Reitt. [1885].

Bois élevés, endroits humides, sous les feuilles mortes. — *Aïn-Draham* (Pic).

Algérie, Sardaigne; Lenkoran.

L. crenatus Fairm. [1855] in *Ann. Soc. ent. Fr.* [1855], 307; Bed. *Cat. Col. N. Afr.* I, 35 et 36.

Bois élevés, endroits humides, sous les feuilles mortes. — Nord de la *Kroumirie* (Alfr. Warion 1881), *Aïn-Draham* (Pic).

Algérie, Sicile.

TRIB. III. **NOTIOPHILINI.**

GEN. **NOTIOPHILUS** Dumér. [1806].

N. quadripunctatus Dej. [1826] *Sp.* II, 280; Bed. *Cat. Col. N. Afr.* I, 36.

Endroits boisés ou ombragés, sous les feuilles mortes et au pied des plantes basses. — *Aïn-Draham* (Sedillot). *Fernana, Teboursouk* (D' Normand). *Bizerte* (D' Sicard).

Algérie, Maroc. Europe occidentale et méridionale.

N. geminatus Dej. [1831] *Sp.* V, 589; Bed. *Cat. Col. N. Afr.* I, 36 et 37.

Bois et montagnes, endroits frais. — *Bizerte* (D' Normand), *Tunis* (G. Doria), *Kroumirie, El-Kef, Kessera* (Sedillot), etc.

Algérie, Maroc, îles Canaries et Madère, Europe méridionale, Syrie.

TRIB. IV. **SCARITINI.**

Gen. **SCARITES** Fabr. [1775].

Sect. I. *SCARITES* s. str.

S. buparius Forster [1771] *Cent. Ins.* 61; Bed. *Cat. Col. N. Afr.* I, 39 et 40; V. Mayet
in *Ann. Soc. ent. Fr.* [1887] Bull. p. 162 (larva tantum descripta).

Sables maritimes. — *Bizerte* (Vauloger), golfe de *Tunis* à *Kamart* et à *Carthage*
(G. Doria).

Tripolitaine, Algérie, Maroc, Canaries orientales, Espagne, France méridionale,
Italie, Crète.

S. striatus Dej. [1825] *Sp.* I, 371; Bed. *Cat. Col. N. Afr.* I, 39 et 41. — *encephalus*
Lucas [1858].

Dunes, Hauts-Plateaux, etc. — *Feriana*, *Kasserin*, *Mehedia*, etc. (Sedillot),
Kairouan (Abdoul-Kerim); toute la région des Chott jusqu'à *Kebilli* (Sedillot);
Gabès (V. Mayet), île de *Djerba* (Escherich).

Algérie, Tripolitaine, Basse-Égypte jusqu'à Ismaïlia.

Obs. C'est le *«S. Polyphemus»* mentionné par V. Mayet (*Voyage en Tunisie*,
114 et 172) et le *«S. gigas»* signalé de Kairouan par Lefèvre (*Liste Col.
Tunis.* 4).

S. Eurytus Fisch. [1828] *Entomogr.* III, 119, tab. 5, fig. 3; Bed. *Cat. Col. N. Afr.* I,
39 et 41. — *exasperatus* Klug [1832].

Bords des chott et des marais, terrains salés. — *Nefta* (Abdoul-Kerim), *Kebilli*
(Dr Normand), *Gueraat El-Fedjedj* (V. Mayet), *Gabès* (Noualhier).

Algérie, Tanger?, Espagne (SE), Sardaigne, Cyclades, Syrie, Égypte, bassin
de la mer Caspienne.

Sect. II. *HARPALITES* Motsch.

S. terricola Bon. [1813] *Observ. ent.* II, 39; Bed. *Cat. Col. N. Afr.* I, 40 et 42. —
arenarius Bon. [1813].

Terrains argileux et humides, littoral, bords des chott, etc. — *Bizerte* (Abdoul-
Kerim), *Tunis*, *Mehedia* (Sedillot), *Cap Bon* (Letourneux), *Sfax* (V. Mayet),
Kairouan, *Tamerza* (Abdoul-Kerim), *Gafsa*, *Nefta*, *Tozzer* (Sedillot), *Nefzaoua*
(Letourneux), *Oudref* (V. Mayet), *Gabès* (Dr Normand), *Zarzis* (Dr Sicard).

Tout le bassin de la Méditerranée, bassin de la mer Caspienne, Mongolie, Japon,
Formose, Abyssinie.

S. subcylindricus Chaud. [1843] in *Bull. Soc. Nat. Mosc.* XVI, part. IV, 750; Bed.
Cat. Col. N. Afr. I, 40 et 43.

Région désertique. — *Sfax* (Dr Chobaut), *Gabès* (Dr Sicard), *Kebilli* (Dr Normand).

Sahara algérien, Basse-Égypte, Palestine, Yémen méridional ; Obock (sec. Fairmaire).

S. lævigatus Fabr. [1792] *Ent. Syst.* I, part. 1, 95 ; Bed. *Cat. Col. N. Afr.* I, 40 et 43.

Plages du littoral, surtout à l'embouchure des oued, sur le sable humide. — *Tabarque* (Sedillot), golfe de *Bizerte* (Dʳ Sicard) et de *Tunis* (Sedillot), île de *Dja-mour*, *Sfax* (V. Mayet), *Gabès* (Dʳ Normand), île de *Djerba* (Escherich).

Maroc (NO). Algarve, littoral de la Méditerranée et de la mer Noire.

Sect. III. *DISTICHUS* Motsch.

S. planus Bon. [1813] *Observ. Ent.* II, 38 ; Bed. *Cat. Col. N. Afr.* I, 38 et 43.

Marais et terrains argileux inondés à la saison des pluies ; vole au coucher du soleil. — *Bizerte* (Dʳ Sicard), lac de *Tunis* (Sedillot), vallée de la *Medjerda* à *Bulla-Regia* (Dʳ Normand), *Kairouan* (Abdoul-Kerim), *Gueraat El-Fedjedj*, *Oudref*, *Gabès* (V. Mayet), etc.

Algarve, bassin de la Méditerranée et de la mer Noire, Asie occidentale, Haute-Égypte ; Afrique orientale (sec. Chaudoir).

GEN. **CLIVINA** Latr. [1802].

C. ypsilon Dej. [1831] *Sp.* V, 502 ; Bed. *Cat. Col. N. Afr.* I, 38 et 43. — *scripta* Putz. [1845].

Argiles salées au bord des eaux stagnantes ; vole au coucher du soleil. — En-virons de *Tunis* (G. Doria). *Gabès* (Alluaud).

Algérie, Espagne (SE), Sardaigne, Hongrie (lacs salés), Syrie, bassin de la mer Caspienne.

GEN. **REICHEIA** Saulcy [1862].

R. lucifuga Saulcy [1862] in *Ann. Soc. ent. Fr.* [1862], 285, tab. 8, fig. 5 ; Bed. *Cat. Col. N. Afr.* I, 44 et 45. — *subterranea* Putz. [1866].

Endroits frais des contrées montueuses. — *Aïn-Draham*, *Fernana* (Dʳ Normand). *Bulla-Regia* (Pic).

Algérie, Corse, France méridionale.

GEN. **DYSCHIRIUS** Bon. [1810].

Sect. I. *CLIVINOPSIS* Bed.

D. strigifrons Fairm. [1874] in *Petites Nouv. ent.* I, 407 ; Bed. *Cat. Col. N. Afr.* I, 46 et 47.

Région désertique. — *Kebilli* (Dʳ Normand), attiré par les lumières, vers 10 heures du soir.

Sahara algérien.

Sect. II. *Dischirius* s. str.

D. Numidicus Putz. [1845] in *Mém. Soc. Sc. Liège* II, 535; Bed. *Cat. Col. N. Afr.* I, 46 et 48. — *rugicollis* Fairm. [1854]. — *thoracicus var.* Fauv., Fleisch.

Bords des eaux salées du littoral et de l'intérieur. — *Bizerte* (Vauloger), *Tunis* (V. Mayet), *Gafsa* (Sedillot), *Kebilli* (Dr Normand), *Gabès* (Alluaud), etc.

Tripolitaine, Algérie, Maroc, îles Canaries, bassin de la Méditerranée.

D. strumosus Er. [1837] *Käf. Mark Brandbg* 38; Bed. *Cat. Col. N. Afr.* I, 46 et 48.

Bords des eaux saumâtres. — *La Goulette*, une série d'individus au bord d'un fossé vaseux (A. Hénon, D^r Ch. Martin), *Tunis* (G. Doria).

Hongrie : lac de Neusiedl; Attique, Caucase oriental.

D. cylindricus Dej. [1825] *Sp.* I, 423; Bed. *Cat. Col. N. Afr.* I, 46 et 49.

Bords des eaux salées et des chott. — *Tunis* (Sedillot), île de *Djamour* (V. Mayet), *Kebilli* (Dr Normand).

Algérie, Maroc; côtes de l'Océan (jusqu'en Gascogne), bassin de la Méditerranée, Turkestan.

D. pusillus Dej. [1825] *Sp.* I, 425; Bed. *Cat. Col. N. Afr.* I, 49. — *macroderus* ‡ Bed. *loc. cit.* 47.

Terrains humides, à fond argilo-vaseux. — *Bizerte* (Dr Sicard), *Carthage* (Vauloger), *Teboursouk* (Dr Normand), *Gafsa* (Alluaud), *Kebilli* (Dr Normand), *Gabès* (Alluaud).

Sud algérien, littoral de la Méditerranée, Asie occidentale.

D. salinus Schaum [1843] ap. Germar *Zeitschr.* IV, 180; Bed. *Cat. Col. N. Afr.* I, 46 et 49.

Bords des eaux salées. — *Bizerte* (Dr Sicard), golfe de *Tunis* (Sedillot).

Tripolitaine (Alluaud), Algérie, littoral et lacs salés de l'Europe moyenne et méridionale, Syrie.

D. ruficornis Putz. [1845] *Monogr. Clivin.* (553) 33; Bed. *Cat. Col. N. Afr.* I, 46 et 49.

Bords des oued. — Bassin de la *Medjerda : Souk-el-Arba* (Dr Normand), *Oued-Zerga* (Sedillot), *Teboursouk* (Dr Sicard).

Algérie, Italie, Autriche-Hongrie, Arménie russe.

D. punctatus Dej. [1825] *Sp.* I, 424; Bed. *Cat. Col. N. Afr.* I, 47 et 50.
Var. β. longipennis Putz. [1866]; Bed. *loc. cit.*

Bords des eaux douces ou salées. — *Fernana*, ruisseau salé (Dr Normand), *Oued-Zerga* (Sedillot), *Bizerte*, golfe de *Tunis* (Vauloger), île de *Djamour*

(V. Mayet), *Mehedia* (Sedillot), *Gabès* (V. Mayet), *Gafsa* (Sedillot), *Kebilli* (Dʳ Normand), etc.

Tripolitaine (Alluaud), Algérie, Maroc, îles Canaries, Europe méridionale, Transcaucase.

D. chalybeus Putz. [1845] *Monogr. Clivin.* (552) 32; Bed. *Cat. Col. N. Afr.* I, 47 et 50. — *subæneus* Woll. [1864].

Bords des eaux douces ou saumâtres. — *Oued-Zerga* (Sedillot), *Bizerte* (Vauloger), *Tunis* (Dʳ Normand), *Oudref* (V. Mayet), *Gabès* (Letourneux).

Tripolitaine (Alluaud), Algérie, Maroc, îles Canaries, Europe méridionale, Syrie, Mésopotamie.

D. importunus Schaum [1857] *Naturg. Ins. Deutschl.* I, 201; Bed. *Cat. Col. N. Afr.* I, 47 et 51.

Bords des eaux saumâtres. — *Mateur* (J. Sahlberg), *Tunis* (Elena), *Oued Leben*, puits d'*El-Aïa* (V. Mayet).

Tripolitaine (Alluaud), Algérie, Algarve, bords de la Méditerranée et de la mer Noire, Syrie.

D. rufo-æneus Chaud. [1843] in *Bull. Soc. Nat. Mosc.* XVI, part. IV, 741; Bed. *Cat. Col. N. Afr.* I, 47 et 51.

Var. β. **Algericus** Putz. [1845]; Bed. *loc. cit.*

Endroits humides et bords des ruisseaux. — *Bizerte* (Vauloger), *Tunis* (Lethierry, Hénon), *Teboursouk* (Dʳ Sicard), *Kairouan* (Alluaud).

Algérie, Maroc, Andalousie, Sicile.

Obs. La var. *Algericus* Putz. (thoracis margine laterali punctum setigerum secundum attingente) se trouve avec le type; elle paraît même plus abondante que lui à Teboursouk.

TRIB. V. **BROSCINI.**

Gen. **BROSCUS** Panz. [1813].

B. politus Dej. [1828] *Sp.* III, 430; Bed. *Cat. Col. N. Afr.* I, 53.

Endroits marécageux, ordinairement sur les hauteurs; dans un terrier sous les grosses pierres. — *Tunis* (Dʳ Normand), *Teboursouk* (Dʳ Sicard), *El-Kef*, *Kessera* (Sedillot), *Zaghouan* (J. Sahlberg), *Sidi-el-Hani* (A. Bonhoure), *Sousse* (J. Bourgeois).

Algérie, Sicile.

B. lævigatus Dej. [1828] *Sp.* III, 431; Bed. *Cat. Col. N. Afr.* I, 53.

Région désertique. — Tout l'Est de la Tunisie, à partir de *Kairouan* et d'*El-Djem*, jusqu'à *Douz* (Sedillot) et à *Zarzis* (Dʳ Sicard); îles *Kerkenna* et île de *Djerba* (V. Mayet; Escherich sub «*politus*»).

Tripolitaine, Basse-Égypte, Syrie.

TRIB. VI. **BEMBIDIINI.**

Gen. **ASAPHIDION** Des Gozis [1886].
(*Tachypus* || Lap.-Cast.)

A. Rossii Schaum [1857] in *Berlin. ent. Zeitschr.* I, 150; Bed. *Cat. Col. N. Afr.* I, 55.

Bords des eaux courantes. — *El-Fedja*, *Aïn-Draham* et vallée de la *Medjerda* (Sedillot).

Algérie, Espagne, France méridionale, Italie, Grèce.

A. flavipes L. [1761] *Fauna Svec.* ed. 2, 211; Bed. *Cat. Col. N. Afr.* I, 55.

Endroits frais. — Toute la Tunisie, au moins jusqu'aux oasis de *Gafsa* (Sedillot) et de *Tozzer* (Abdoul-Kerim).

Algérie, Maroc, presque toute l'Europe, Transcaucasie, Asie Mineure, Syrie jusqu'à la vallée du Jourdain.

Gen. **BEMBIDION** Latr. [1802].

Sect. I. *Neja* Motsch.

B. ambiguum Dej. [1831] *Sp.* V, 155; Bed. *Cat. Col. N. Afr.* I, 57 et 62.

Bords des ruisseaux. — Toute la Tunisie, jusqu'à *Tozzer* (Abdoul-Kerim), *Kebilli* (Dr Normand) et *Gabès* (Letourneux).

Tripolitaine, Algérie, Maroc, Péninsule Ibérique, Sicile.

B. curtulum J. Duv. [1851] in *Ann. Soc. ent. Fr.* [1851], 498; Bed. *Cat. Col. N. Afr.* I, 57 et 62.

Sfax (Vauloger), *Gabès* (Dr Sicard).

Algérie : Batna; Turquie, Grèce, Crète, Chypre, Syrie.

Sect. II. *Testedium* Motsch.

B. laetum Brullé [1839] ap. Webb et Berth. *Hist. nat. des Canaries* II, 58, tab. 2, fig. 7; Bed. *Cat. Col. N. Afr.* I, 58 et 63. — *dives* Lucas [1846].

Littoral, terrains détrempés. — *Sidi-Tabet* (Vauloger), *Tunis* (Dr Normand).

Algérie, Maroc, Canaries orientales, Péninsule Ibérique, Grèce.

Sect. III. *Notaphus* Steph.

B. varium Ol. [1792] var. **semipunctatum** Donov. [1806]; Bed. *Cat. Col. N. Afr.* I, 58 et 64.

Bords des eaux, sur le sable. — Toute la Tunisie.

Algérie, Maroc, îles Canaries, Europe, Basse-Égypte, Syrie, Sibérie, Japon.

B. ephippium Marsh. [1802] *Ent. Brit.* 462; Bed. *Cat. Col. N. Afr.* I, 59 et 64.

Sur la vase, au bord des eaux salées principalement. — *Ghardimaou* au bord de la *Medjerda*, *Souk-el-Arba* (Dr Normand), *Bizerte* (J. Sahlberg), *Tunis* (V. Mayet), *Hammam-el-Lif* (Dr Normand), *Sousse* (Sedillot).

Algérie, Maroc, littoral de l'Océan, de la Manche et de la Méditerranée, Crète.

Sect. IV. PERYPHUS Steph.

B. fasciolatum Duft. [1812] var. cœruleum Serv. [1821], *Faune franç.* ed. 1, Coléopt. 76, tab. 7, fig. 3: Bed. *Cat. Col. N. Afr.* I, 59 et 64.

Bords des eaux courantes, sur les grèves. — Vallée de la *Medjerda* : *Ghardimaou*, *Souk-el-Arba* (Dr Normand).

Algérie, Europe montagneuse, Asie Mineure.

B. Jordanense La Brûlerie [1876] in *Ann. Soc. ent. Fr.* [1875], 443: Bed. *Cat. Col. N. Afr.* I, 60 et 65. — ? *megaspilum* Walker [1872].

Régions désertiques: sur le gravier au bord des sources et des oued. — *Sbeïtla* (Vauloger), *Feriana*, *Tamerza*, *Ras-el-Aioun*, *Aïn Tefel*, *Gafsa* (Sedillot), *Khanguet Oum-Ali* (V. Mayet), *Kebilli* (Dr Normand).

Algérie désertique; Palestine : vallée du Jourdain.

Obs. D'après M. Fauvel, le *B. Jordanense* serait une race géographique à élytres pâles du *B. Atlanticum* Woll., des îles Madère et Canaries.

B. testaceum Duft. [1812] var. ripicola Dufour [1820] in *Ann. Sc. phys.* (Bruxelles) VI, 330: Bed. *Cat. Col. N. Afr.* I, 60 et 65.

Bords des eaux courantes des régions montagneuses. — *Ghardimaou* (Dr Normand), cours inférieur de la *Medjerda* (J. Sahlberg).

Algérie, Europe.

B. Andreæ Fabr. [1781] *Sp. Ins.* 311: Bed. *Cat. Col. N. Afr.* I, 60 et 65.

Bords des eaux courantes. — Toute la Tunisie, jusqu'au *Chott El-Djerid*.

Tripolitaine, Algérie, Maroc, Europe méridionale.

B. Hispanicum Dej. [1831] *Sp.* V, 116; Bed. *Cat. Col. N. Afr.* I, 60 et 66.

Bords des oued. — Vallée de la *Medjerda* («Violante», Sedillot), environs de *Tunis* (G. Doria).

Algérie, Maroc, Péninsule Ibérique.

B. nitidulum Marsh. [1802] *Ent. Brit.* 454; Bed. *Cat. Col. N. Afr.* I, 60 et 66.

Endroits frais et ravines: sous les pierres, les feuilles mortes, etc. — *El-Fedja*, *Aïn-Draham*, *Nebeur*, *Feriana*, etc. (Sedillot).

Algérie, Europe, Orient.

Obs. Je rapporte à cette espèce un *Bembidion* pris à Saïd-Abdoul-Vahed par

Abdoul-Kerim et mentionné par Fairmaire (*Ann. Mus. civ. Gen.* VII, 480) sous le nom erroné de *monticulum* ; chez cet individu, les sillons frontaux présentent quelques traces de ponctuation; à part cela. il ne diffère en rien des *nitidulum* typiques.

B. hypocrita Dej. [1831] *Sp.* V, 174; Bed. *Cat. Col. N. Afr.* I, 60 et 66.

Parmi les mousses des chutes d'eau. — *Fernana* (Dr Normand), *El-Fedja*, *Aïn Tefel* (Sedillot).

Algérie, Espagne, îles Baléares, France méridionale.

Sect. V. *SYNECHOSTICTUS* Motsch.

B. Dahli Dej. [1831] *Sp.* V, 148; Bed. *Cat. Col. N. Afr.* I, 60 et 67.

Bords des oued. — *Tunis* (G. Doria), *Ghardimaou, Souk-el-Arba, Teboursouk* (Dr Normand), *Gafsa* (Sedillot).

Var. β. cribrum J. Duv. [1852] in *Ann. Soc. ent. Fr.* [1851], 549 ; Bed. *loc. cit.*

Souk-el-Arba, Fernana (Dr Normand).

Tripolitaine, Algérie, Maroc, France méridionale, Corse, Sardaigne, Sicile.

B. elongatum Dej. [1831] var. **Nordmanni** Chaud. [1844]; Bed. *Cat. Col. N. Afr.* I, 60 et 67.

Berges des petits cours d'eau. — *Tunis* (Abdoul-Kerim), *Fernana* (Dr Normand).

Algérie, Maroc, Madère. Europe moyenne et méridionale, Orient, Japon.

Obs. Les individus du continent africain ont le pronotum dépourvu, en avant, de la ponctuation qu'on observe normalement chez le type européen: en outre, leurs antennes et leurs palpes sont entièrement roux.

Sect. VI. *BEMBIDION* s. str.
(*Nepha* Motsch.)

B. Genei Küst. [1847] *Käf. Eur.* IX, 21 : Bed. *Cat. Col. N. Afr.* I, 61 et 67. — *quadriguttatum* ‡ Ill. (nec Fabr.). — (Var.) *speculare* Küst. [1847].

Bords des mares. — *Fernana* (Dr Normand), *El-Fedja, Aïn-Draham, El-Kef* (Sedillot), *Teboursouk* (Dr Sicard), *Tunis* (Doumet).

Algérie, Maroc, Europe, Sibérie occidentale.

B. laterale Dej. [1831] *Sp.* V, 185: Bed. *Cat. Col. N. Afr.* I, 61 et 68. — *callosum* Küst. [1847].

Bords des sources, des mares, etc. — *El-Fedja, Aïn-Draham* (Sedillot). *Fernana* (Dr Normand), *Teboursouk* (Dr Sicard), *Sidi-Tabet* (Vauloger).

Algérie, Maroc. France. Europe méridionale, Crète.

Sect. VII. *EMPHANES* Motsch.

B. Normannum Dej. [1831] *Sp.* V, 164; Bed. *Cat. Col. N. Afr.* I, 61 et 68.

Sur la vase humide, surtout dans les terrains salés. — Golfe de *Tunis* (Abdoul-Kerim), *Sousse* (Sedillot).

Littoral de la Méditerranée, de l'Océan et de la Manche; intérieur des terres en Algérie et en Palestine.

Var. β. **Laïs** (var. nov.)

Nigro-cyaneum, elytris ante apicem macula laterali lutea decoratis, antice praesertim basi ferrugineo-guttatis, tibiis tarsisque flavescentibus.

Kamart près *Tunis* (Elena), ruisseau salé à *Fernana* (Dr Normand), *El-Guettar* près *Maknassi* (Vauloger), *Gabès* (Alluaud).

Obs. Cette variété, qui paraît spéciale à la Tunisie, ressemble au *B. tenellum* Er., d'Europe, mais chez ce dernier les sillons frontaux, au lieu d'être parallèlement écartés, se réunissent en pointe sur le bord antérieur de la tête.

B. latiplaga Chaud. [1851] in *Bull. Soc. Nat. Mosc.* [1850] part. III, 185; Bed. *Cat. Col. N. Afr.* I, 61 et 68.

Bords des eaux, sur le sable humide. — Tout le Nord de la Tunisie et région subdésertique.

Algérie, Espagne, France méridionale, Russie méridionale; Basse-Égypte (Hénon).

B. minimum Fabr. [1792] *Ent. Syst.* I, part. 1, 168; Bed. *Cat. Col. N. Afr.* I, 61 et 68. — *pusillum* Gyll. [1827].

Bords des eaux, sur la vase. — Toute la Tunisie.

Algérie, Maroc, Europe, Sibérie occidentale.

Sect. VIII. *LOPHA* Steph.

B. quadriguttatum Fabr. [1775] *Syst. Ent.* 248; Bed. *Cat. Col. N. Afr.* I, 61 et 69. — *quadripustulatum* Serv. [1821].

Bords des mares. — *Teboursouk* (Dr Sicard).

Algérie, Europe, Crête, Asie occidentale, Turkestan.

Sect. IX. *TREPANES* Motsch.

B. Duvali Bed. [1893] in *L'Abeille* XXVIII, 108 et *Cat. Col. N. Afr.* I, 61 et 69.

Endroits humides. — *Aïn-Draham* (Sedillot), *Teboursouk* (Dr Normand).

Algérie, Espagne méridionale, Baléares, Sicile.

B. octomaculatum Gœze [1777] *Ent. Beytr.* 1, 664; Bed. *Cat. Col. N. Afr.* I, 61 et 69. — *Sturmi* Panz. [1805].

Bords des mares et des sources, sur la vase humide. — *El-Fedja, Bulla-Regia, Tunis* (Dr Normand).

Algérie, Europe, Syrie; Japon (sec. Bates).

B. maculatum Dej. [1831] *Sp.* V, 162; Bed. *Cat. Col. N. Afr.* I, 61 et 69.

Bords des mares et des sources, sur la vase humide. — *Sidi-Tabet* (Vauloger), *Ghardimaou, Teboursouk* (Dr Normand).

Algérie, Maroc, Europe méridionale, Palestine.

Sect. X. *PHILA* Motsch.

B. obtusum Serv. [1821] *Faune franç.* éd. 1, Coléopt. 83; Bed. *Cat. Col. N. Afr.* I, 57 et 70.

Endroits frais, sous les détritus végétaux. — *Aïn-Draham* (Sedillot), *Fernana, Bulla-Regia* (Dr Normand), environs de *Tunis* (G. Doria).

Algérie, Europe, Madère.

Var. β. rectangulum J. Duv. [1852] in *Ann. Soc. ent. Fr.* [1852], 182; Bed. *loc. cit.*

Avec le type. — *El-Kef* (Sedillot), *Tunis* (Abdoul-Kerim), environs de *Kairouan* (A. Bonhoure), îles *Kerkenna* (V. Mayet).

Algérie, Maroc, Sicile, Syrie.

Sect. XI. *PHILOCHTHUS* Steph.

B. vicinum Lucas [1846] in *Expl. Alg.* II, 86, tab. 10, fig. 9; Bed. *Cat. Col. N. Afr.* I, 61 et 70. — *tenuestriatum* Fairm. [1876].

Bords des eaux. — *El-Fedja, Oued-Zerga* (Sedillot), *Fernana* (Dr Normand), *Kamart* près *Tunis* (Elena).

Algérie, Maroc, Canaries orientales, Europe méridionale.

B. lunulatum Geoffr. [1785] ap. Fourcr. *Ent. Paris.* 51; Bed. *Cat. Col. N. Afr.* I, 61 et 70.

Endroits humides, sous les détritus végétaux. — *Ghardimaou* (Dr Normand), *Teboursouk* (Dr Sicard).

Algérie, Maroc, Europe.

B. iricolor Bed. [1879] *Faune Col. Seine* I, 35 et *Cat. Col. N. Afr.* I, 61 et 71.

Terrains salés vaseux. — *Bizerte* (Dr Sicard), *Hammam-el-Lif* (Dr Chobaut), marais de *Bulla-Regia* (Dr Normand), *Oued Leben* à l'Ouest de *Sfax* (V. Mayet), *Kebilli* (Dr Normand).

Algérie (région des chott et littoral), Maroc, îles Canaries, littoral de l'Océan, de la Manche et de la Méditerranée jusqu'au Jourdain.

Gen. **OCYS** Steph. [1828].

O. harpaloïdes Serv. [1821] *Faune franç.* ed. 1, Coléopt. 78; Bed. *Cat. Col. N. Afr.* I, 54 et 71. — *rufescens* Guér. [1823]. — *dubius* Woll. [1857].

Endroits humides, ordinairement sur les Saules. — *El-Fedja*, *Bulla-Regia* (Dr Normand), *Aïn-Draham* (Sedillot), *Porto-Farina* (Vauloger).

Algérie, Maroc, îles Madère et Açores, Europe occidentale et méridionale, jusqu'en Sicile.

Gen. **TACHYS** Steph. [1828].

Sect. I.

T. bisulcatus Nicolaï [1822] *Diss. Col. Hal.* 26; Bed. *Cat. Col. N. Afr.* I, 72 et 74.

Endroits humides, sous les détritus végétaux. — *Aïn-Draham* (Sedillot); *Camp-de-la-Santé*, *Souk-el-Arba* (Dr Normand), *Bizerte*, *Tunis* (Dr Sicard).

Algérie, Maroc, Madère, Europe, Caucase, Chypre.

Sect. II. *ELAPHROPUS* Motsch.

T. globulus Dej. [1831] *Sp.* V, 61; Bed. *Cat. Col. N. Afr.* I, 72 et 75.

Bords des ruisseaux, au pied des végétaux. — *Fernana*, *Bulla-Regia*, *Teboursouk* (Dr Normand), *Bizerte*, environs de *Makteur*, *Sfax* (Vauloger).

Algérie, Maroc, Andalousie, Sicile.

Sect. III.

T. hæmorrhoidalis Dej. [1831] *Sp.* V, 58; Bed. *Cat. Col. N. Afr.* I, 72 et 75. — (Var.) *socius* Schaum [1863].

Marécages et bords des eaux saumâtres. — Vallée de la *Medjerda* (Sedillot), lac de *Bizerte* (Vauloger), *Tunis* (Abdoul-Kerim)[1], îles *Kerkenna* (V. Mayet) et tout le Sud, de *Kebilli* (Dr Normand) à *Gabès*.

Tripolitaine, Algérie, Maroc, îles Canaries, bassin de la Méditerranée, Haute-Égypte, îles du Cap Vert.

Sect. IV. *TACHYURA* Motsch.

T. Lucasi J. Duv. [1852] in *Ann. Soc. ent. Fr.* [1852], 197; Bed. *Cat. Col. N. Afr.* I, 72 et 77. — (Var.) *metallicus* Peyron.

Le long des cours d'eau. — *Souk-el-Arba*, type et variété à élytres sans tache (Dr Normand); *Teboursouk* (Dr Sicard).

Algérie, Espagne méridionale, Syrie, Égypte, îles du Cap Vert, Madère.

---

[1] C'est l'insecte cité de Tunis par Fairmaire (*Ann. Mus. civ. Gen.* VII, 480) sous le nom imaginaire de «*B.* (*Tachys*) *agilis* Duv.».

T. sexstriatus Duft. [1812] var. **bisbimaculatus** Chevr. [1860] in *Rev. et Mag. Zool.* [1860], 409; Bed. *Cat. Col. N. Afr.* 1, 73 et 76.

Bords des cours d'eau. — *Tunis* (G. Doria, V. Mayet), *Ghardimaou, Souk-el-Arba* (D' Normand), SO de *Kairouan* (Vauloger), *Gabès* (D' Sicard).

Avec la var. *bisbimaculatus* se trouve quelquefois, notamment à Souk-el-Arba, une sous-variété remarquable chez laquelle les deux taches de l'élytre se réunissent en forme de bande; je propose de la désigner sous le nom de **vittipennis**.

Obs. Le type de l'espèce, à élytres noirs, est exclusivement européen: la var. *bisbimaculatus* paraît spéciale au Nord de l'Afrique, mais d'autres variétés à élytres tachés de roux se trouvent dans le Midi de l'Europe et le Caucase.

T. parvulus Dej. [1831] var. **curvimanus** Woll. [1854] *Ins. Mader.* 74, tab. 2, fig. 7; Bed. *Cat. Col. N. Afr.* 1, 73 et 77.

Endroits humides. — Presque toute la Tunisie, au moins jusqu'à *Sfax* (Vauloger) et à *Gafsa* (Sedillot).

Obs. Le type de l'espèce, à élytres immaculés, se trouve dans presque toute l'Europe moyenne et méridionale; la var. *curvimanus* le remplace en Tunisie, en Algérie, au Maroc, en Syrie, aux îles du Cap Vert, Canaries, Madère et Açores.

T. grandicollis Chaud. [1846] var. **pullus** J. Duv. [1852] in *Ann. Soc. ent. Fr.* [1852], 199; Bed. *Cat. Col. N. Afr.* 1, 72 et 77.

Bords des cours d'eau. — Vallée de la *Medjerda : Souk-el-Arba* (D' Normand), *Oued-Zerga* (Sedillot).

Algérie, Lenkoran, Chypre, vallée du Jourdain.

Sect. V. *Tachyta* Kirby.

T. nanus Gyll. [1810] *Ins. Svec.* II, 30; Bed. *Cat. Col. N. Afr.* 1, 72 et 77.

Sous les écorces des arbres abattus. — *Aïn-Draham, El-Fedja* (Sedillot).

Algérie, Europe, Caucase, Lenkoran, Chypre, Sibérie, Japon, Amérique boréale.

Sect. VI. *Tachys* s. str.

T. fulvicollis Dej. [1831] *Sp.* V, 39. — *subfasciatus* Motsch. [1862].

Bords des eaux (saumâtres?). — Environs de *Tunis* (G. Doria); marais de *Bulla-Regia* (D' Normand).

Algérie, Europe méridionale (zone méditerranéenne), Arménie, Syrie.

T. bistriatus Duft. [1812] *Fauna Austr.* II, 205; Bed. *Cat. Col. N. Afr.* 1, 73 et 78.

Endroits humides. — Toute la Tunisie.

Algérie, Maroc, îles Madère et Canaries, Europe et presque tout le bassin méditerranéen.

T. micros Fisch. [1828] *Entomogr.* III, 97, tab. 4, fig. 10; Bed. *Cat. Col. N. Afr.* 1, 73 et 78. — *gregarius* Chaud. [1846]. — *nigrifrons* Fauv. [1863].

Endroits humides. — *Souk-el-Arba* (Dr Normand), *Gafsa, Gabès* (Alluaud).

Algérie, Europe méridionale, Caucase.

T. scutellaris Steph. [1828] *Ill. Brit.* II, 5; Bed. *Cat. Col. N. Afr.* I, 74 et 78.

Var. β. **dimidiatus** Motsch. [1849]. — *bipartitus* J. Duv. [1857].

Argiles salées et humides. — Littoral et région des Chott.

La var. *dimidiatus* Motsch., qui prédomine en Tunisie, se distingue du type par sa tête moins large, ses yeux moins grands, son front presque poli, ses antennes à articles assez courts, mais il semble qu'il existe des passages entre les formes extrêmes.

Tripolitaine (Alluaud). Algérie, Maroc, Canaries orientales, côtes et salines d'Europe, bassin méditerranéen, îles du Cap Vert.

Obs. A cette espèce se rapporte le prétendu *«Metabletus signifer»* signalé par L. von Heyden (*Deutsche ent. Zeitschr.* [1890], 66) comme pris en Tunisie par Quedenfeldt.

T. Algiricus Lucas [1846] in *Expl. Alg.* II, 79, tab. 10, fig. 3; Bed. *Cat. Col. N. Afr.* I, 74 et 79.

Bords des eaux douces. — *Fernana, Bulla-Regia* (Dr Normand), *Tunis* (G. Doria), *Teboursouk* (Dr Sicard).

Algérie, Maroc, Andalousie, Sicile.

Gen. **LIMNASTUS** Motsch. [1862].
(*Lymnastis* Motsch., *Zuphiolum* Fairm.).

L. Galilæus La Brûl. [1876] in *Ann. Soc. ent. Fr.* [1875], 436; Bed. *Cat. Col. N. Afr.* I, 54 et 79.

Endroits marécageux; au vol, vers le soir. — *Souk-el-Arba*, octobre 1899 et juillet 1900 (Dr Normand).

Algérie, Provence, Corse, Sardaigne, Palestine, Mésopotamie.

TRIB. VII. **TRECHINI.**

Gen. **PERILEPTUS** Schaum [1860].

P. areolatus Creutz. [1799] *Ent. Versuche* 115; Bed. *Cat. Col. N. Afr.* I, 82.

Sables et graviers au bord des eaux courantes. — *El-Fedja* (Sedillot), *Ghardimaou, Souk-el-Arba* (Dr Normand), *Teboursouk* (Dr Sicard), montagnes à l'Ouest de *Gafsa* (Alluaud).

Algérie, Maroc, îles Canaries, Europe moyenne et méridionale, Caucase, archipel du Cap Vert.

Gen. **TRECHUS** Clairv. [1806].

T. rufulus Dej. [1831] *Sp.* V, 15; Bed. *Cat. Col. N. Afr.* I, 84 et 85.

Endroits humides, sous les pierres ou dans le terreau, sous les feuilles mortes, etc. — *Bizerte, Tunis* (Dʳ Sicard), *Souk-el-Arba, Teboursouk* (Dʳ Normand), *El-Kef, Nebeur* (Sedillot), *Makteur* (Vauloger).

Algérie, Maroc, Andalousie, Sicile.

T. quadristriatus Schrank [1781] var. **obtusus** Er. [1837] *Käf. Mark Brandbg* 122; Bed. *Cat. Col. N. Afr.* I, 84 et 85.

Endroits frais, parmi les mousses des bois et les feuilles mortes. — *El-Fedja, Souk-el-Arba* (Dʳ Normand), *Aïn-Draham* (Sedillot), *Sidi-Tabet* (Vauloger).

Algérie et Maroc (var. *obtusus* Er.), Europe, Asie occidentale.

Obs. Le type ailé, si répandu en Europe et dans l'Ouest de l'Asie, ne se trouve pas en Afrique.

Gen. **DELTOMERUS** Motsch. [1850].

D. punctatissimus Fairm. [1859] in *Ann. Soc. ent. Fr.* [1858], 782; Bed. *Cat. Col. N. Afr.* I, 81 et 86.

Régions montueuses, au bord des eaux vives. — *El-Fedja* (Dʳ Normand), *Aïn-Draham* (Alluaud).

Algérie.

TRIB. VIII. **POGONINI.**

Gen. **POGONUS** Nicolaï [1822].

Sect. I. *Pogonus* s. str.

P. luridipennis Germ. [1817] *Fauna Ins. Eur.* VII, 3; Bed. *Cat. Col. N. Afr.* I, 87 et 88.

Vases salées du littoral. — Lac de *Tunis* (Sedillot).

Algérie; Maroc (sec. Chaudoir); côtes et salines d'Europe, Sibérie méridionale.

P. littoralis Duft. [1812] *Fauna Austr.* II, 183; Bed. *Cat. Col. N. Afr.* I, 87 et 88.

Vases salées du littoral. — *Bizerte* (Dʳ Sicard), golfe de *Tunis* (G. Doria).

Côtes de la Méditerranée, de l'Océan et de la Manche.

P. chalceus Marsh. [1802] *Ent. Brit.* 460; Bed. *Cat. Col. N. Afr.* I, 88. — (Var.) *viridanus* Dej. [1828].

Vases salées, surtout au bord de la mer et des lacs. — Tout le littoral de la Tunisie, jusqu'à *Gabès* (Dʳ Sicard); *Bulla-Regia*, ruisseau salé (Dʳ Normand); *Sebkha de Kairouan* (Sedillot).

Tripolitaine, Algérie, Maroc, Canaries orientales, littoral de la Méditerranée, de l'Océan et de la Manche.

P. gilvipes Dej. [1828] *Sp.* III, 14; Bed. *Cat. Col. N. Afr.* I, 88 et 89.

Vases salées. — *Bizerte* (D* Sicard), golfe de *Tunis* (V. Mayet).

Algérie, Maroc (Sud). littoral de la Méditerranée : Obock (sec. Fairmaire).

Sect. II. *Pogonistes* Chaud.

P. gracilis Dej. [1828] *Sp.* III, 18; Bed. *Cat. Col. N. Afr.* I, 88 et 89.

Terrains salés. — *Bizerte* (D* Sicard), golfe de *Tunis* (Sedillot).

Algérie : Tripolitaine (Alluaud), côtes de Vendée, littoral méditerranéen.

Sect. III. *Syndexus* Chaud.

P. filiformis Dej. [1828] *Sp.* III, 21; Bed. *Cat. Col. N. Afr.* I, 88 et 90.

Terrains salés. — *Bizerte* (D* Sicard), *Tunis* (V. Mayet).

Algérie. Sardaigne.

P. Grayi Woll. [1862] in *Ann. Nat. Hist.* ser. 3, IX, 438; Bed. *Cat. Col. N. Afr.* I, 88 et 90. — *fulvus* Baudi [1864]. — *dilutus* Fairm. [1873].

Terrains salés du littoral et des chott. — *Utique*, *Tunis* (Abdoul-Kerim), *Mehedia* (Sedillot). *Kebilli* (D* Normand).

Tripolitaine (Alluaud). Algérie, Maroc, Canaries orientales, Sicile, Chypre, Basse-Égypte, îles du Cap Vert.

TRIB. IX. **POGONOPSINI.**

Gen. **POGONOPSIS** Bed. [1898].

P. pallida Bed. [1898] in *Bull. Soc. ent. Fr.* [1898], 241, fig. 1.

Région désertique. — *Nefzaoua : Menchia* près du *Chott El-Fedjedj* (D* Normand).

Sahara algérien.

TRIB. X. **APOTOMINI.**

Gen. **APOTOMUS** Ill. [1807].

A. rufus Rossi [1790] *Fauna Etrusca* I, 229, tab. 4, fig. 3; Bed. *Cat. Col. N. Afr.* I, 91 et 92.

Terrains argileux, irrigués ou détrempés. — *Teboursouk* (D* Normand).

Algérie, Maroc, îles Madère, Péninsule Ibérique, France occidentale et méridionale, Italie, Sicile.

A. flavescens Apetz [1854] *De Coleopt. Afr.* 9; Bed. *Cat. Col. N. Afr.* I, 91 et 92.

Terrains argileux, irrigués ou détrempés. — *Teboursouk* (D' Normand), marais de *Mabtouha* et *Sfax* (Vauloger), *Gafsa* (D' Chobaut).

Algérie, Maroc, Dongola, Sennaar, Transvaal. — Madagascar (sec. Fairmaire)?

A. testaceus Dej. [1825] var. rufithorax Pecchioli [1838]; Bed. *Cat. Col. N. Afr.* I, 92.

Golfe de *Bizerte* (J. Sahlberg), *Tunis* (G. Doria); *El-Fedja*, un exemplaire de coloration intermédiaire entre celle du type et celle de la var. *rufithorax* (D' Normand).

Île de Canaria, îles Salvages, Portugal, Toscane, Sicile, Grèce, Crète, Arménie russe; Palestine (Pic).

TRIB. XI. **CHLÆNIINI.**

Gen. **CHLÆNIUS** Bon. [1810].

Sect. I. *CHLÆNITES* Motsch.

C. spoliatus Rossi [1792] *Mant. Ins.* I, 79; Bed. *Cat. Col. N. Afr.* I, 93 et 95.

Marais et terrains inondés, sous les détritus végétaux. — Toute la Tunisie, au moins jusqu'à *Tamerza* (Sedillot) et à *Gabès* (Alluaud).

Algérie, Maroc, îles Canaries, Europe moyenne et méridionale, Malte, Basse-Égypte, Syrie, Asie centrale.

Sect. II. *EPOMIS* Bon.

C. circumscriptus Duft. [1812] *Fauna Austr.* II, 166; Bed. *Cat. Col. N. Afr.* I, 94 et 96.

Endroits marécageux. — *Bulla-Regia* près *Souk-el-Arba* (D' Normand), *Bizerte* (D' Sicard), environs de *Tunis* (Elena), *Teboursouk* (D' Sicard), *Sousse* (Letourneux), *Sfax* (Vauloger).

Algérie, Maroc, îles Canaries, Europe méridionale, Asie occidentale, Égypte, Nubie, Sénégal, Afrique australe.

Sect. III. *DINODES* Bon.

C. decipiens Dufour [1820] (*azureus* ‡ Duft.) var. **Algericus** Raffray [1873] in *Rev. et Mag. Zool.* [1873], 361; Bed. *Cat. Col. N. Afr.* I, 94 et 96.

Prairies humides et pentes gazonnées. — *Aïn-Draham* (Sedillot), *Tunis* (V. Mayet), *Aïn Bou-Driès, Kessera* (Sedillot), *Kairouan* (Abdoul-Kerim), *Sfax* (Vauloger).

Obs. En Tunisie, en Algérie et au Maroc, la var. *Algericus* remplace le type; ce dernier habite l'Europe méridionale; en Orient, il est représenté par la var. *laticollis* Chaud.

Sect. IV. *Chlænius* s. str.

C. tristis Schall. [1783] in *Schrift. nat. Ges. Hal.* [1783], 318 ; Bed. *Cat. Col. N. Afr.* I, 94 et 96. — (Var.) *Batnensis* Pic [1893].

Marécages, endroits vaseux. — *Zarzis* (Dʳ Sicard).

Algérie, Maroc, Europe, Asie occidentale, Sibérie.

Obs. Tous les individus africains appartiennent à la var. *Batnensis*, caractérisée seulement par la teinte un peu bleuâtre de la tête.

C. variegatus Geoffr. [1785] ap. Fourcr. *Entom. Paris.* 55 ; Bed. *Cat. Col. N. Afr.* I, 94 et 97. — *agrorum* Ol. [1792].

Endroits marécageux. — *Bulla-Regia* près *Souk-el-Arba* (Dʳ Normand), *Nebeur* (Sedillot), *Bizerte* (Abdoul-Kerim), environs de *Tunis* (V. Mayet), *Kairouan* (Alluaud).

Algérie, Maroc, Europe occidentale et méridionale (jusqu'en Dalmatie).

C. velutinus Duft. [1812] *Fauna Austr.* II, 168 ; Bed. *Cat. Col. N. Afr.* I, 94 et 97. — (Var.) *auricollis* Gené [1839].

Bords des eaux, sous les pierres et dans le gravier. — Toute la Tunisie, jusqu'à *Gabès*.

Algérie, Maroc, Péninsule Ibérique, Baléares, France, Italie, Sicile, Basse-Autriche.

Sect. V. *Trichochlænius* Seidl.

C. læticollis Chaud. [1876] in *Ann. Mus. civ. Gen.* VIII, 228 ; Bed. *Cat. Col. N. Afr.* I, 94 et 98.

Région désertique. — *Aïn Tefel* près *Gafsa*, sur des rochers à pic et très humides, deux individus (Sedillot).

Nubie, Abyssinie, baie de Tadjoura.

Obs. Cette espèce est largement répandue dans la région éthiopienne : la Tunisie méridionale est sans doute l'extrême limite de son aire géographique vers l'Ouest. — Elle est très distincte du *C. seminitidus* Chaud., autre espèce de Nubie, dont M. R. Oberthür a bien voulu me communiquer le *type*.

C. æratus Quensel [1806] ap. Schönh. *Syn. Ins.* I, 177 ; Bed. *Cat. Col. N. Afr.* I, 95 et 98. — *Algerinus* Gory [1833]. — *Varvasi* Lap.-Cast. [1834].

Régions montagneuses, endroits humides, sous les pierres. — *Bizerte* (Dʳ Sicard), *El-Fedja* (Sedillot), *Fernana* (Dʳ Normand), *El-Kef* (Parey), *Teboursouk* (Dʳ Sicard).

Algérie.

C. chrysocephalus Rossi [1790] *Fauna Etrusca* I, 220, tab. 2, fig. 9; Bed. *Cat. Col. N. Afr.* 1, 95 et 99.

Endroits marécageux, sous les pierres. — Toute la Tunisie septentrionale; au moins jusqu'à *Sfax* (Vauloger).

Algérie, Maroc, Péninsule Ibérique, France méridionale, Italie.

TRIB. XII. **LICININI.**

Gen. **LICINUS** Latr. [1802].

L. punctatulus Fabr. [1792] *Ent. Syst.* I, part. 1, 152; Bed. *Cat. Col. N. Afr.* I, 103. — *granulatus* Dej. [1826]. — *brevicollis* Dej. [1829].

Terrains arides, sous les pierres. — Toute la Tunisie jusqu'au *Chott El-Djerid* (Sedillot) et à *Gabès* (Dr Sicard).

Tripolitaine (Alluaud), Algérie, Maroc, Europe occidentale et centrale, Sicile.

Gen. **AMBLYSTOMUS** Er. [1837].

A. Mauritanicus Dej. [1829] *Sp.* IV, 480; Bed. *Cat. Col. N. Afr.* 1, 105.

Terrains argilo-sableux, dans les fissures du sol. — *Bulla-Regia* près *Souk-el-Arba* (Dr Normand), *Utique* (Abdoul-Kerim), *Teboursouk* (Dr Sicard).

Algérie, Maroc, Espagne, Sicile.

A. metallescens Dej. [1829] *Sp.* IV, 482; Bed. *Cat. Col. N. Afr.* I, 105 et 106.

Terrains argilo-sableux. — *Tunis* (Vauloger), *Oued-Zerga* (Sedillot), *Souk-el-Arba, Teboursouk* (Dr Normand).

Tout le bassin méditerranéen.

A. niger Heer [1841] *Fauna Helv.* 563; Bed. *Cat. Col. N. Afr.* I, 105 et 106.

Terrains argilo-sableux. — Golfe de *Tunis; Teboursouk* (Dr Normand).

Algérie, Europe moyenne et méridionale, Syrie.

A. Algirinus Reitt. [1887] in *Deutsche ent. Zeitschr.* XXI, 498 et 499; Bed. *Cat. Col. N. Afr.* I, 105 et 106.

Terrains argilo-sableux et salés. — *Tunis, Hammam-el-Lif* (Sedillot), *Bulla-Regia* près *Souk-el-Arba* (Dr Normand).

Algérie, Maroc.

TRIB. XIII. **SIAGONINI.**

Gen. **SIAGONA** Latr. [1804].

Sect. I (apteræ).

S. ruflpes Fabr. [1792] *Ent. Syst.* I, part. 11, 94; Bed. *Cat. Col. N. Afr.* I, 107.

Terrains argileux, sous les grosses pierres plates. — Nord de la *Kroumirie* (Alfr.

Warion 1881), *Fernana* (D' Normand), *Bizerte* (D' Sicard), marais de *Mabtouha* (Vauloger).

Algérie.

Sect. II (alatæ).

S. depressa Fabr. [1798] *Suppl. Ent. Syst.* 56; Bed. *Cat. Col. N. Afr.* I, 107 et 108. — *Europæa* Dej. [1826].

Plaines argileuses. — *Bizerte* (Vauloger), golfe de *Tunis* (Sedillot), *Souk-el-Arba* (D' Normand), *Kairouan* (Sedillot), *Gueraat El-Fedjedj* (V. Mayet).

Algérie, Maroc, iles Ganaries, Sénégal, Andalousie, Italie méridionale, iles Ioniennes, Grèce, Crète, Syrie, Perse, région Transcaspienne, Inde, Égypte, Nubie.

TRIB. XIV. **GRANIGERINI.**

Gen. **GRANIGER** Motsch. [1864].
(*Coscinia* ∥ Dej.).

G. Semelederi Chaud. [1861] in *Bull. Soc. Nat. Mosc.* [1861] part. 1, 6; Bed. *Cat. Col. N. Afr.* I, 109 et 110. — *Algirinus* Motsch. [1864]. — *collaris* Baudi [1864].

Plaines désertiques, terrains argilo-sableux; court rapidement, le soir, à la surface du sol. — Entre *Midès* et *Feriana* (Sedillot).

Algérie, Transcaucase, région Transcaspienne, Turkestan occidental, Chypre (?), Syrie, Basse-Égypte.

TRIB. XV. **HARPALINI.**

Gen. **ERIOTOMUS** La Brûlerie [1873].

E. villosulus Reiche [1860] in *Ann. Soc. ent. Fr.* [1859], 641; Bed. *Cat. Col. N. Afr.* I, 113.

Terrains argileux; le soir, au vol. — *Souk-el-Arba*, *Teboursouk* (D' Normand), marais de *Mabtouha*; *Hadjeb-el-Aïoun*, *Gamouda* (Vauloger).

Algérie, Maroc, Andalousie, Sardaigne, Sicile.

Gen. **CARTERUS** Dej. et Boisd. [1829].
Sect. I.

C. cordatus Dej. [1825] *Sp.* I, 441; Bed. *Cat. Col. N. Afr.* I, 114 et 116. — *distinctus* Dej. [1829].

Pays montueux, endroits frais et ombragés, sous les grosses pierres. — *Teboursouk* (D' Sicard). Dj. *Ahmar* près *Tunis* (Vauloger).

Algérie, Maroc, Péninsule Ibérique, Sicile; Crète (sec. La Brûlerie); Malte et Caucase (sec. Reitter).

Sect. II. *Sabienus* Des Gozis.

C. tricuspidatus Fabr. [1792] *Ent. Syst.* I, part. 1, 144; Bed. *Cat. Col. N. Afr.* I, 115 et 117.

Terrains argilo-calcaires; sous les pierres, dans un terrier profond, et sur les Ombellifères. — *Bizerte, Djedeïda* (Dr Sicard), *Tunis* (Sedillot), *Fernana* (Pic), *Teboursouk* (Dr Normand), *Kairouan* (Sedillot), *Sfax* (J. de Gaulle).

Algérie, Maroc, Péninsule Ibérique, Italie, Grèce, Asie Mineure, Provinces caucasiques.

Sect. III. *Carterus* s. str.

C. interceptus Dej. [1829] *Iconogr.* I, 233, tab. 26, fig. 1; Bed. *Cat. Col. N. Afr.* I, 115 et 117. — *rufipes* Lucas [1846]. — *Lucasi* Reiche [1862].

Endroits montueux à sol argileux, sous les pierres. — *Bizerte* (Dr Sicard), environs de *Tunis* (Vauloger), environs de *Souk-el-Arba, Teboursouk* (Dr Normand), *Kessera* (Sedillot).

Algérie, Maroc, Espagne.

C. rotundicollis Ramb. [1842] *Faune Andal.* 54; Bed. *Cat. Col. N. Afr.* I, 115 et 118. — *affinis* Ramb. [1842]. — *dilaticollis* Lucas [1846].

Régions élevées. — *Aïn-Draham* (Sedillot), environs d'*Utique* (Abdoul-Kerim), *Tebourba* (V. Mayet), *Teboursouk* (Dr Sicard).

Algérie, Maroc, Péninsule Ibérique, Sardaigne, Sicile, Corfou; Turquie et Attique (sec. Reitter).

C. dama Rossi [1792] *Mant. Ins.* I, 92, tab. 2, fig. 11; Bed. *Cat. Col. N. Afr.* I, 116 et 118.

Var. β. **gilvipes** La Brûlerie [1873] in *L'Abeille* XV, Ditom. 59; Bed. *loc. cit.*

Terrains argileux, friches, etc., sous les pierres ou sur les capitules des Ombellifères. — Presque toute la Tunisie, au moins jusqu'à *Gafsa* (Sedillot).

Algérie, Maroc, Péninsule Ibérique, Italie, Grèce, Transcaucase, Syrie.

Gen. **DITOMUS** Bon. [1810].
(*Aristus* Latr.).

D. capito Serv. [1821] *Faune franç.* ed. 1, Coléopt. 21; Bed. *Cat. Col. N. Afr.* I, 120.

Endroits chauds, parfois dans les bois secs. — Nord de la Tunisie, jusqu'à *Kessera* (Sedillot); *Kairouan* (Letourneux sec. Lefèvre).

Algérie, Péninsule Ibérique, France méridionale, Italie, Sicile.

D. clypeatus Rossi [1790] *Fauna Etrusca* I, 228; Bed. *Cat. Col. N. Afr.* I, 120.

Friches arides, sous les pierres ou les plantes en graines. — Toute la Tunisie, au moins jusqu'à *Gafsa* (Abdoul-Kerim).

Algérie, Maroc, Europe occidentale et méridionale (jusqu'aux îles Ioniennes).

D. sphærocephalus Ol. [1792] *Ent.* III, gen. 36, 13, tab. 1, fig. 4; Bed. *Cat. Col. N. Afr.* I, 120.

Friches arides, enterré sous les pierres. — Toute la Tunisie, au moins jusqu'à *Gafsa* (V. Mayet).

Algérie, Maroc, Europe méridionale (de l'Espagne à la Dalmatie).

D. opacus Er. [1841] ap. Wagner *Rois. Reg. Alg.* III, 168; Bed. *Cat. Col. N. Afr.* I, 120 et 121.

Terrains argilo-sableux, sous les pierres. — De *Tunis* (J. de Gaulle) et de *Teboursouk* (D' Normand) à *Gafsa* (Sedillot) et à *Zarzis* (V. Mayet); îles *Kerkenna* et île de *Djerba* (id.). — Île *Lampedusa* (H. Ross).

Algérie, Canaries orientales (île de Fuerteventura). – Andalousie (sec. Reitter)?

Gen. DAPTUS Fisch. [1824].

D. vittatus Fisch. [1824] *Entomogr.* II, 38, tab. 46, fig. 7; Bed. *Cat. Col. N. Afr.* I, 110 et 121.

Argiles salées et humides du littoral et des chott; dans un terrier vertical et profond s'ouvrant constamment sous une petite pierre. — *Bizerte* (D' Sicard), *Porto-Farina* (Vauloger), *Tunis, Sousse, Mehedia* (Sedillot), *Sfax,* îles *Kerkenna, Gabès* (V. Mayet), *Zarzis* (D' Sicard), *Kebilli* (D' Normand).

Algérie, Maroc (Sud), Europe méridionale (zone méditerranéenne), Caucase, région Transcaspienne, Basse-Égypte.

Gen. HETERACANTHA Brullé [1834].

H. depressa Brullé [1834] ap. Audouin et Br. *Hist. nat. Ins.* I, 383; Bed. *Cat. Col. N. Afr.* I, 110 et 123.

Dans les sables désertiques: ne sort que par les nuits les plus chaudes. — *Chott El-Djerid : Tozzer* (V. Mayet), *Bir Redjem-Matoug* (Éd. Blanc), *Kebilli* (D' Normand).

Sahara algérien. – Basse-Égypte (sec. Bové).

Gen. ACINOPUS Dej. [1829][1].

Sect. I. Acinopus s. str.

A. sabulosus Fabr. [1792] *Ent. Syst.* I, part. 1, 96; Bed. *Cat. Col. N. Afr.* I, 124 et 125. — *obesus* Schönh. [1806]. — *Lepeletieri* Lucas [1846]. — *Mauritanicus* Lucas [1846].

Terrains découverts, argilo-sableux, sous les pierres. — *Teboursouk* (D' Sicard), *Tunis, Feriana* (Sedillot), presqu'île du *Cap Bon* (O. Antinori), *Kairouan, Monastir, El-Djem* (Letourneux), *Oued Leben* (V. Mayet), *Gafsa* (Abdoul-Kerim), *Gabès*

---

[1] A la suite de ce genre viendrait se ranger le *Microderes (Pangus) scaritides* Sturm, signalé de Tebessa (D' Sériziat).

(Dr Normand); l'exemplaire trouvé dans cette dernière localité est de petite taille
(11 mill.), les côtés de son prothorax sont peu arrondis et ses élytres s'atténuent
sensiblement en arrière.

Algérie, Maroc?; Andalousie (sec. Reitter)?

Obs. C'est à cette espèce que se rapporte le « lævipennis » signalé de Gafsa (Abdoul-
Kerim) par Fairmaire (*Ann. Mus. civ. Gen.* VII, 479).

Sect. II. *Œdematicus* Bed.

A. megacephalus Rossi [1794] *Mant. Ins.* II, 102, tab. 3, fig. 11; Bed. *Cat. Col. N.
Afr.* I, 124 et 126. — *gutturosus* Buquet [1840]. — *elongatus* Lucas [1846].

Terrains argilo-sableux, dans un terrier sous les pierres. — Toute la Tunisie,
au moins jusqu'à *Gafsa* (Éd. Blanc).

Algérie, Maroc, Péninsule Ibérique, France méridionale, Italie.

Gen. **DREGUS** Motsch. [1864].

D. glebalis Coq. [1859] in *Ann. Soc. ent. Fr.* [1858], 762; Bed. *Cat. Col. N. Afr.* I,
111 et 128. — *nitidus* Motsch. [1864].

Terrains découverts et argileux. — *Feriana* et environs, *Sbeïtla*, *Kessera*, *Kairouan*, *Sousse* (Sedillot), *Monastir*, *El-Djem* (Letourneux), *Sfax* (Vauloger),
Oued Leben (V. Mayet).

Algérie.

Obs. Lefèvre (*Liste Col. Tunis.* 4) cite aussi le *D. glebalis* comme pris à Aïn-
Draham par Letourneux, mais il est probable qu'il y a eu confusion de provenance.

Gen. **HARPALUS** Latr. [1802].
Sect. I. *Artabas* Des Gozis.

H. punctato-striatus Dej. [1829] *Sp.* IV, 319; Bed. *Cat. Col. N. Afr.* I, 129 et 132.

Endroits humides découverts, sous les pierres. — *Bizerte* (Dr Sicard), *Tunis*
(Vauloger), etc.; îles *Kerkenna* (V. Mayet).

Algérie, Maroc, Europe méridionale; Liban (sec. Peyron).

Sect. II. *Harpalus* s. str.

H. Lethierryi Reiche [1860] in *Ann. Soc. ent. Fr.* [1859], 640; Bed. *Cat. Col. N.
Afr.* I, 130 et 132.

Endroits marécageux, sous les pierres, dans la région des Hauts-Plateaux. —
Bou-Chebka (Dr Sicard).

Algérie.

Obs. Lefèvre (*Liste Col. Tunis.* 2) cite cette espèce de Kairouan et de Monastir
d'après Letourneux, mais ce renseignement est douteux.

H. microthorax Motsch. [1849] in *Bull. Soc. Nat. Mosc.* [1849] part. iii, 70; Bed. *Cat. Col. N. Afr.* I, 130 et 133. — *Perezi* Vuillefroy [1868].

Argiles salées, au bord des eaux stagnantes. — Lac de *Tunis* (Sedillot), environs de *Teboursouk* (Dʳ Sicard), marais de *Gilma* (Vauloger).

Algérie, Espagne.

H. Siculus Dej. [1829] *Sp.* IV, 316; Bed. *Cat. Col. N. Afr.* I, 131 et 133. — *alacris* Chevr. [1861].

Terrains humides. — *Tunis* (Abdoul-Kerim), *Teboursouk* (Dʳ Normand).

Algérie, Maroc, Sicile.

H. patruelis Dej. [1829] *Sp.* IV, 275; Tschitsch. in *Wien. ent. Zeitg* XVII [1898], 244. — *oblitus* ‡ Bed. *Cat. Col. N. Afr.* I, 130 et 133.

Presque toute la Tunisie; jusqu'à *Tozzer* (Sedillot).

Algérie, Maroc, Europe méridionale, Crète.

H. attenuatus Steph. [1828] *Ill. Brit.* I, 132; Bed. *Cat. Col. N. Afr.* I, 131 et 134. — *consentaneus* Dej. [1829].

Terrains sablonneux, sous les pierres. — Île de la *Galite* (« Violante »), *El-Fedja, Aïn-Draham* (Dʳ Normand), *Tunis* (Vauloger), *Sfax* (V. Mayet), *Gabès* (Letourneux).

Algérie, Maroc, archipel de Madère, littoral de l'Océan, de la Manche et de la Méditerranée, jusqu'au pied du Liban.

H. fulvus Dej. [1829] *Sp.* IV, 323; Bed. *Cat. Col. N. Afr.* I, 132 et 134.

Sables du littoral et de l'intérieur, au pied des plantes. — Tout le littoral de la Tunisie; île de *Djerba* (V. Mayet); dunes de *Gafsa* (Sedillot), entre *Kasserin* et *Tala, El-Aala* au SO de *Kairouan* (Vauloger).

Algérie, Maroc, Espagne méridionale, Sicile, Syrie, Basse-Égypte.

H. tenebrosus Dej. [1829] *Sp.* IV, 358; Bed. *Cat. Col. N. Afr.* I, 132 et 135.

Terrains sablonneux et coteaux calcaires. — Toute la Tunisie.

Algérie, Maroc, archipels des Canaries et de Madère, Europe occidentale et région méditerranéenne, jusqu'à la vallée du Jourdain.

H. neglectus Serv. [1821] *Faune franç.* ed. 1, Coléopt. 26; Bed. *Cat. Col. N. Afr.* I, 131 et 136.

Terrains sablonneux du littoral. — *Bizerte* (Dʳ Sicard), golfe de *Tunis* et golfe de *Hammamet* jusqu'à *Mehedia* (Sedillot).

Algérie, Maroc, Europe [1].

---

[1] Sous le nom d'*Harpalus Satanas*, Reitter (*Verhandl. nat. Ver. Brünn* XXXVIII [1900], 104) vient de décrire un insecte provenant du Djebel Osmor près Tebessa (Reitter cité par mégarde Tebessa comme localité de Tunisie!) et qui viendrait se placer entre les *Harpalus neglectus* Serv. et *fuscipalpis* Sturm.

H. rufitarsis Duft. [1812] *Fauna Austr.* II, 82; Bed. *Cat. Col. N. Afr.* 1, 131 et 136. — *decipiens* Dej. [1829].

Utique (Abdoul-Kerim sec. Fairmaire in *Ann. Mus. civ. Gen.* VII, 479).

Algérie, ? Maroc, Europe.

Obs. Je n'ai pas vu l'exemplaire cité d'Utique et ne suis nullement convaincu que sa détermination soit exacte.

H. sulphuripes Germ. [1824] *Ins. Sp. nov.* 24; Bed. *Cat. Col. N. Afr.* I, 131 et 136.

Terrains calcaires. — *Aïn-Draham* (Sedillot).

Algérie, Maroc, Europe occidentale et méridionale.

H. serripes Quensel [1806] ap. Schönh. *Syn. Ins.* I, 199; Bed. *Cat. Col. N. Afr.* I, 131 et 136.

Terrains sablonneux, dunes. — Presque toute la Tunisie, jusqu'au *Chott El-Djerid* (Abdoul-Kerim).

Algérie, ? Maroc, Europe méridionale et moyenne.

Gen. **OPHONUS** Steph. [1827].

Sect. I. *CARTEROPHONUS* Ganglb.

O. cordicollis Serv. [1821] *Faune franç.* ed. 1, Coléopt. 27; Bed. *Cat. Col. N. Afr.* I, 140 et 141. — *ditomoides* Dej. [1829]. — *dermatodes* Fairm. [1868]. — *promissus* Reiche [1869].

Terrains argileux des pays montueux; s'enterre profondément et ne sort qu'à la nuit, surtout par les temps d'orage. — *Souk-el-Arba* (Dr Normand).

Algérie, Maroc, Péninsule Ibérique, France méridionale, Italie, Corfou, Russie méridionale.

O. femoralis Coq. [1859] in *Ann. Soc. ent. Fr.* [1858], 756; Bed. *Cat. Col. N. Afr.* I, 141. — *carteroides* Fairm. [1868]. — *Olcesei* Fairm. [1871].

Terrains argileux; nocturne comme le précédent. — *Bizerte* (Dr Sicard), *Utique* (Vauloger), *Tunis* (Dr Kobelt), *Souk-el-Arba* (Dr Normand), *Teboursouk* (Dr Sicard), entre *Feriana* et *Tamerza* (Sedillot).

Algérie, Maroc, Portugal, Espagne, Sicile.

Sect. II. *OPHONUS* s. str.
(*Metophonus* Bed.)

O. diffinis Dej. [1829] var. rotundicollis Fairm. [1854] *Faune ent. franç.* 121; Bed. *Cat. Col. N. Afr.* I, 139 et 142.

Collines calcaires, sous les pierres ou dans les capitules des Ombellifères. —

Toute la Tunisie, au moins jusqu'à *Tozzer* (Sedillot). Certains exemplaires sont d'un brun de poix, sans reflet bleu.

Algérie, Maroc, îles Salvages, Madère et Açores, Europe occidentale et méridionale, Syrie.

O. quadraticollis Dej. [1831] *Sp.* V, 838; Bed. *Cat. Col. N. Afr.* I, 139 et 142. — *laminatus* Fairm. [1859]. —— *margine-punctatus* Reitt. [1894].

Bizerte (Dr Sicard), *Bulla-Regia* (Dr Normand).

Algérie, Maroc, Sicile; Espagne (sec. Reitter).

O. rotundatus Dej. [1829] *Sp.* IV, 212; Bed. *Cat. Col. N. Afr.* I, 139 et 143. — *discicollis* Waltl [1835]. — *distinctus* Ramb. [1842].

Terrains calcaires. — Tout le Nord de la Tunisie.

Algérie, Europe méridionale (zone méditerranéenne).

O. pumilio Dej. [1829] *Sp.* IV, 212; Bed. *Cat. Col. N. Afr.* I, 140 et 143.

Terrains calcaires. — Régions montueuses du Nord de la Tunisie, jusqu'à *Kessera* (Sedillot); *Sfax* (V. Mayet).

Algérie, Maroc, Sicile.

O. incisus Dej. [1829] *Sp.* IV, 201; Bed. *Cat. Col. N. Afr.* I, 140 et 143.

Terrains calcaires. — *Teboursouk* (Dr Sicard).

Algérie; Europe méridionale, de l'Espagne à la Grèce.

O. brevicollis Serv. [1821] *Faune franç.* ed. 1, Coléopt. 28; Bed. *Cat. Col. N. Afr.* I, 140 et 144. — ? *rufibarbis* Fabr.

Terrains calcaires. — *Bizerte* (Dr Sicard), *Teboursouk* (Dr Normand).

Algérie, Maroc, Europe, Syrie.

O. Syriacus Dej. [1829] *Sp.* IV, 238; Bed. *Cat. Col. N. Afr.* I, 111 et 137. — *præustus* Dieck [1870]. — *Barbarus* Leder [1872].

Terrains arides, argilo-sableux, sous les pierres. — *Tunis* (Dr Normand), entre *Feriana* et *Bir Oum-Ali*, *Aïn Tefel* (Sedillot), *Ksar El-Ahmar*, *Oued Leben*, *Sfax* (V. Mayet), *Mezouna* (Dr Chobaut), *Oglet El-Achichina* (Alluaud), *Gabès* (Sedillot), île de *Djerba* (Letourneux), *Zarzis* (Dr Sicard).

Algérie, Espagne (SE), Basse-Égypte; Syrie (sec. Klug).

Sect. III. *Parophonus* Ganglb.

O. planicollis Dej. [1829] *Sp.* IV, 227; Bed. *Cat. Col. N. Afr.* I, 140 et 144. Var. β. Hispanus Ramb. [1842]; Bed. *loc. cit.*

Terrains argileux. — Tout le Nord de la Tunisie; *Gabès* (sec. Letourneux).

Algérie, Maroc, Péninsule Ibérique, Provence orientale, Italie, Sardaigne, Dalmatie, Grèce, Transcaucasie, Asie Mineure, Haute-Syrie.

Obs. La var. *Hispanus* est bien plus répandue que le type.

Sect. IV. *Pseudophonus* Motsch.

O. pubescens Müll. [1776] *Zool. Dan. Prodr.* 77; Bed. *Cat. Col. N. Afr.* I, 141 et 144. — *ruficornis* auct. (? Fabr. 1775).

Lieux habités (peut-être importé?) — *Bulla-Regia* (Dr Normand), *Bizerte* (Dr Sicard), *Tunis* (Dr Kobelt).

Algérie, Maroc, Europe, Sibérie, Japon.

O. griseus Panz. [1797] *Fauna Germ.* 38, 1; Bed. *Cat. Col. N. Afr.* 141 et 145.

Lieux habités. — *Sidi-Tabet, Carthage* (Vauloger), *Teboursouk* (Dr Sicard), *Kairouan, Tozzer* (Abdoul-Kerim), *Gafsa* (Dr Chobaut).

Algérie, Açores, Europe, Asie septentrionale, Japon.

Gen. **SCYBALICUS** Schaum [1862].

S. oblongiusculus Dej. [1829] *Sp.* IV, 198; Bed. *Cat. Col. N. Afr.* 145.

Coteaux secs, enterré dans le sol. — *Utique* (Vauloger), *Tunis* (G. Doria), *Teboursouk* (Dr Sicard), *Kessera* (Vauloger).

Algérie, Maroc, Péninsule Ibérique, France, Angleterre, Sicile.

S. Kabylianus Reiche [1862] in *Ann. Soc. ent. Fr.* [1861], 365; Bed. *Cat. Col. N. Afr.* I, 145 et 146.

Régions montagneuses. — *Teboursouk* (Dr Sicard).

Algérie.

Gen. **CRASODACTYLUS** Guér. [1849].

C. punctatus Guér. [1849] ap. Lefebvre *Voyage en Abyssinie* VI (Zool.) 258 et 262, tab. [Ins.] 1, fig. 5; Bed. *Cat. Col. N. Afr.* 112 et 146.

Régions désertiques, terrains pierreux. — Hauts-Plateaux entre *Midès, Feriana* et *Ras-el-Aïoun; Gafsa* (Sedillot), *Bou-Hedma, Bled Thala* (V. Mayet), *El-Hafay* (Dr Sicard), île de *Djerba* (Letourneux).

Sahara algérien; Érythrée, Djibouti, Yémen méridional, Mascate.

Gen. **ANISODACTYLUS** Dej. [1829].

Sect. I. *Hexatrichus* Tschitsch.

A. pœciloides Steph. [1828] *Ill. Brit.* I, 154; Bed. *Cat. Col. N. Afr.* I, 147. — *virens* Dej. [1829].

Var. β. **Winthemi** Dej. [1831] *Sp.* V, 830.

Argiles salées du littoral et de l'intérieur. — *Bulla-Regia* près *Souk-el-Arba*

(Dr Normand), *Tunis* (Sedillot), *Gafsa* (Alluaud), *Bir Oum-Ali*, *Tozzer* (Sedillot), *Kebilli*, *Gabès* (Dr Normand). La var. *Winthemi* est particulière aux contrées désertiques.

Basse-Égypte (var. *Winthemi*), Algérie, Maroc, côtes et salines d'Europe.

Sect. II. *ANISODACTYLUS* s. str.

A. binotatus Fabr. [1787] *Mant. Ins.* I, 199; Bed. *Cat. Col. N. Afr.* I, 147 et 148.

Endroits humides. — *Fernana* (Dr Normand).

Algérie, Maroc, îles Madère et Açores, Europe, Sibérie.

Gen. **DICHIROTRICHUS** J. Duv. [1855].

D. obsoletus Dej. [1829] *Sp.* IV, 232; Bed. *Cat. Col. N. Afr.* I, 150. — *lævistriatus* Woll. [1864]. — *cordicollis* Fairm. [1868]. — *cordatus* Schauf. [1879].

Terrains argileux humides et salés. — Littoral jusqu'à *Gabès ;* environs de *Kairouan* (Alluaud) et région des Chott.

Algérie, Maroc, Canaries orientales, littoral de l'Océan, de la Manche, de la Méditerranée et de la mer Noire, Sibérie méridionale.

D. Punicus Bed. [1899] *Cat. Col. N. Afr.* I, 150.

Terrains salés du littoral. — Bords du lac de *Tunis* et plaine du *Dj. Djelloul* (Alluaud), *Sfax*, îles *Kerkenna* (V. Mayet), *Gabès* (Noualhier), *Zarzis* (Dr Sicard).

Espèce spéciale à la Tunisie.

Gen. **BRADYCELLUS** Er. [1837].

B. distinctus Dej. [1829] *Sp.* IV, 470; Bed. *Cat. Col. N. Afr.* I, 151 et 152.

Région littorale. — *Bizerte* (Dr Sicard). *Sousse* (Bonhoure).

Algérie, Maroc, Europe occidentale et méridionale.

B. verbasci Duft. [1812] *Fauna Austr.* II, 186; Bed. *Cat. Col. N. Afr.* I, 151 et 152.

Aïn-Draham (Dr Normand).

Algérie, Maroc, Europe méridionale et moyenne, Asie Mineure.

B. Lusitanicus Dej. [1829] *Sp.* IV, 469; Bed. *Cat. Col. N. Afr.* I, 151 et 152.

Endroits humides, sous les pièces de bois et autres abris. — *Aïn-Draham* (Pic), *Bulla-Regia* près *Souk-el-Arba* (Dr Normand), *Teboursouk* (Dr Sicard), *Tunis* (Vauloger).

Algérie, Maroc, Péninsule Ibérique, Sicile.

B. harpalinus Serv. [1821] *Faune franç.* ed. 1, Coléopt. 84; Bed. *Cat. Col. N. Afr.* I, 151 et 153.

Bizerte (Dr Sicard), *Kessera* (Vauloger), *Gafsa* (Dr Chobaut).

Algérie, Madère, Espagne, Europe moyenne.

Gen. **STENOLOPHUS** Dej. [1829].

S. Teutonus Schrank [1781] *Enum. Ins. Austr.* 214; Bed. *Cat. Col. N. Afr.* I, 153 et 154. — (Var.) *abdominalis* Géné [1836].

Endroits marécageux. — Toute la Tunisie, jusqu'au *Chott El-Djerid.*

Tripolitaine, Algérie, Maroc, îles Canaries, Madère et Açores, Europe, Caucase, Syrie, Basse-Égypte.

S. Skrimshireanus Steph. [1828] *Ill. Brit.* I, 166; Bed. *Cat. Col. N. Afr.* I, 153 et 154.

Endroits marécageux. — Île de la *Galite* («Violante»), *Bulla-Regia* (Dr Normand), *Tunis* (Vauloger).

Algérie, Maroc, presque toute l'Europe, Syrie.

S. proximus Dej. [1829] *Sp.* IV, 420; Bed. *Cat. Col. N. Afr.* I, 154 et 155.

Endroits marécageux salins. — Marais de *Bulla-Regia* près *Souk-el-Arba* (Dr Normand).

Maroc, Europe méridionale (zone méditerranéenne), Syrie.

Gen. **ACUPALPUS** Dej. [1829].

Sect. I. *Egadroma* Motsch.

A. marginatus Dej. [1829] *Sp.* IV, 427; Bed. *Cat. Col. N. Afr.* I, 155 et 156.

. Endroits chauds et marécageux; bords des canaux d'irrigation. — Vallée de la *Medjerda* à *Oued-Zerga; Gafsa* (Sedillot), *Tozzer* (V. Mayet), *Kebilli* (Dr Normand), *Gabès* (Alluaud).

Algérie, Maroc, îles Canaries et Madère, bassin méditerranéen, Alaï.

A. Vaulogeri Bed. [1900] in *Bull. Soc. ent. Fr.* [1900], 247.

Oblongus, sat latus, perparum convexus, totus flavo-rufescens, nitidissimus, glaberrimus; capite brevi, polito, fronte colloque latis, oculis magnis, prominulis; antennis longinsculis, articulis elongatis; prothorace brevissimo, longitudine duplo latiore, in medio latitudinem elytrorum attingente, supra polito ac lævigato, antice emarginato, lateribus angustissime marginatis, angulis posticis valde rotundatis; elytris latis, breviusculis, translucidis, leviter alutaceis, striis tenuissimis, stria secunda ante apicem unipunctata. — Long. vix 6 mill.

Région désertique; le soir au vol. — *Dj. Cherichira* à l'Ouest de *Kairouan*, juin 1900 (Vauloger); une seule femelle.

Sect. II. *Acupalpus* s. str.

A. elegans Dej. [1829] var. ephippium Dej. [1829] *Sp.* IV, 445; Bed. *Cat. Col. N. Afr.* I, 156 et 157.

Bords des eaux, principalement dans les terrains salés. — *Souk-el-Arba* (Dᵣ Normand), *Bizerte* (Dᵣ Sicard), *Tunis*, entre *Midès* et *Feriana*, *Tozzer* (Sedillot), *Gafsa*, *Gabès* (Alluaud).

Algérie, Maroc, bassin méditerranéen et bassin de la mer-Caspienne. — Le type de l'espèce se trouve sur le littoral de la Manche, de l'Océan et de la Méditerranée et au bord des lacs salés de l'Europe centrale.

A. dorsalis Fabr. [1787] *Mant. Ins.* I, 205; Bed. *Cat. Col. N. Afr.* I, 156 et 157.

Endroits marécageux, parmi les détritus végétaux. — Toute la Tunisie, jusqu'à *Gafsa* (Sedillot) et *Gabès* (Dᵣ Sicard).

Tripolitaine, Algérie, Maroc, îles Canaries et Madère, Europe, Syrie.

A. luteatus Duft. [1812] *Fauna Austr.* II, 152; Bed. *Cat. Col. N. Afr.* I, 156 et 158. — *exiguus* Dej. [1829]. — *puncticollis* Coq. [1859].

Bords des eaux, marais. — Toute la Tunisie, jusqu'à *Gabès* (Dᵣ Sicard).

Algérie, Maroc, îles Madère et Açores, toute l'Europe, Sibérie.

A. brunnipes Sturm [1825] *Deutschl. Ins.* VI, 88; Bed. *Cat. Col. N. Afr.* I, 156 et 158.

Bords des eaux stagnantes. — Nord de la Tunisie (Sedillot).

Algérie, Maroc, îles Açores, Europe.

A. piceus Rottenb. [1870] in *Berlin. ent. Zeitschr.* XIV, 16; Bed. *Cat. Col. N. Afr.* I, 156 et 159.

Terrains humides. — Environs de *Tunis* (G. Doria), *Souk-el-Arba*, *Teboursouk* (Dᵣ Normand), *Gabès* (Dᵣ Sicard).

Algérie, Maroc, Sicile.

TRIB. XVI. **AMARINI**

Gᴇɴ. **ZABRUS** Clairv. [1806].

Sect. I. *Zabrus* s. str.

Z. piger Dej. [1828] *Sp.* III, 453; Bed. *Cat. Col. N. Afr.* I, 160 et 162.

Kroumirie : Fernana (Dᵣ Normand).

Algérie, Maroc, Péninsule Ibérique, France méridionale, Italie, Dalmatie.

Sect. II.

Z. ovalis Fairm. [1859] in *Ann. Soc. ent. Fr.* [1858], 775; Bed. *Cat. Col. N. Afr.*
161 et 163.

Contrées montueuses, région des Hauts-Plateaux. — *El-Kef, Kessera* (Sedillot).

Algérie (Est).

Obs. C'est peut-être le «*Z. distinctus*» signalé par Lefèvre (*Liste Col. Tunis.* 2)
comme pris à Monastir(?) par Letourneux.

Z. semipunctatus Fairm. [1859] in *Ann. Soc. ent. Fr.* [1858], 773; Bed. *Cat. Col.
N. Afr.* I, 161 et 165.

Régions élevées. — *Kroumirie : El-Fedja* (Dʳ Normand), *Aïn-Draham* (Sedillot).

Algérie.

Gen. **AMARA** Bon. [1810].

Sect. I. *Acorius* Zimm.

A. metallescens Zimm. [1831] *Mon. Carab.* 75; Bed. *Cat. Col. N. Afr.* I, 168 et 170.

Terrains argilo-sableux et déserts du littoral et des contrées désertiques, sous
les pierres et au pied des plantes. — *Bizerte* (Vauloger), *La Goulette* (Dʳ Normand), *Kairouan* (Alluaud), *Kebilli, Gabès* (Dʳ Normand).

Tripolitaine, Algérie, Maroc, île Madère, Espagne centrale et orientale, Baléares,
Sardaigne, Mésopotamie, Basse-Égypte.

Sect. II. *Triæna* Leconte.

A. rufipes Dej. [1828] *Sp.* III, 478; Bed. *Cat. Col. N. Afr.* I, 168 et 170.

Endroits humides. — Frontière algérienne de la *Kroumirie* au petit poste de
Bou-Mesran (Sedillot).

Algérie, Maroc, Péninsule Ibérique, France méridionale, Italie, Grèce.

Sect. III. *Amara* s. str.

A. palustris Baudi [1864] in *Berlin. ent. Zeitschr.* VIII, 210; Bed. *Cat. Col. N. Afr.*
I, 167 et 171. — *subconvexa* Putz. [1865].

Endroits humides et herbeux. — *Fernana* (Dʳ Normand); *El-Kef* (Coïnde).

Algérie, Maroc, Péninsule Ibérique, Sardaigne, Corse [1].

---

[1] A la suite de cette espèce viendrait s'intercaler l'*A. eurynota* Panz., signalé de Tebessa par
le Dʳ Sériziat.

A. ænea De Geer [1774] *Mém. Ins.* IV, 98; Bed. *Cat. Col. N. Afr.* I, 168 et 171. — *trivialis* Gyll. [1810].

Ça et là, dans les endroits découverts. — Toute la Tunisie, au moins jusqu'à *Gafsa*(Sedillot).

Algérie, Maroc, îles Madère et Açores, Europe, Syrie, Sibérie.

A. familiaris Duft. [1812] *Fauna Austr.* II, 119; Bed. *Cat. Col. N. Afr.* I, 168 et 172.

Lieux élevés et un peu sablonneux. — *El-Fedja* (Vauloger), *Aïn-Draham* (D' Normand).

Algérie, Maroc, Europe, Sibérie.

Sect. IV. *CELIA* Zimm.

A. fusca Dej. [1828] *Sp.* IV, 497; Bed. *Cat. Col. N. Afr.* I, 168 et 172.

Terrains découverts, secs et sablonneux. — Hauts-Plateaux (Letourneux), *Gafsa* (Vauloger).

Algérie, Europe moyenne et méridionale.

Sect. V. *LIOCNEMIS* Zimm.

A. fervida Coq. [1859] in *Ann. Soc. ent. Fr.* [1858], 776; Bed. *Cat. Col. N. Afr.* I, 169 et 172. — *Henoni* Fairm. [1867].

Terrains calcaires, sous les pierres. — *Tabarque* (J. de Gaulle), *Bizerte* (Vauloger), *Tunis*, *Teboursouk*, *Souk-el-Arba* (D' Normand), *Kairouan*, *Gafsa* (Abdoul-Kerim).

Algérie, Maroc, Espagne méridionale, Sardaigne, Sicile; Palestine (La Brûlerie).

A. montana Dej. [1828] *Sp.* III, 487; Bed. *Cat. Col. N. Afr.* I, 169 et 173. — *collina* Putz. [1867].

Région côtière, terrains arides. — *Tunis* (D' Normand).

Algérie; Europe, côtes de l'Océan (jusqu'en Vendée) et de la Méditerranée.

A. Cottyi Coq. [1859] in *Ann. Soc. ent. Fr.* [1858], 777; Bed. *Cat. Col. N. Afr.* I, 169 et 173. — *versuta* Woll. [1863]. — *canescens* Putz. [1865]. — *affinis var.* sec. La Brûlerie.

Plaines arides et Hauts-Plateaux, endroits chauds, sous les petites pierres reposant sur le sable. — *Kairouan* (Abdoul-Kerim), *Sfax*, *Oued Leben*, *Dj. Bou-Hedma*, etc. (A. Mayet), *Maajen* (Pic), *Gafsa* (Vauloger), *Gueraat El-Fedjedj* (Sedillot), *Tozzer* (Abdoul-Kerim), *Gabès*, *Zarzis* (D' Sicard).

Tripolitaine, Algérie, Canaries orientales, Basse-Égypte, Syrie méridionale.

Sect. VI. *PARACELIA* Bed.

A. simplex Dej. [1828] *Sp.* III, 493; Bed. *Cat. Col. N. Afr.* I, 169 et 174. — *Putzeysi* Fairm. [1867].

Hauts-Plateaux et contrées désertiques. — Tout l'Est de la Tunisie, à partir de

Sfax, et tout le Sud jusqu'à *Kebilli*, à *Gabès* (D' Normand) et à l'île de *Djerba* (Escherich).

Tripolitaine (sec. Quedenfeldt). Algérie, Espagne centrale et orientale; Palestine, Mésopotamie.

Sect. VII. *XANTHAMARA* Bed.

A. chlorotica Fairm. [1867] in *Ann. Soc. ent. Fr.* [1867], 392; Bed. *Cat. Col. N. Afr.* I, 169 et 175.

Endroits arides, notamment au pied des Thyms. — *La Goulette* (Sedillot), *Feriana* (Pic). *Sfax* (Vauloger), *Oued Leben* (V. Mayet). *Gafsa* (Sedillot). *Hadjeb-el-Aïoun*, *Gabès* (coll. de Vauloger).

Tripolitaine : Tripoli (Alluaud), Algérie.

Sect. VIII. *AMATHITIS* Zimm.

A. rufescens Dej. [1829] *Sp.* IV, 387; Bed. *Cat. Col. N. Afr.* I, 169 et 175. — *Ægyptia* Zimm. [1832].

Région désertique, dans les terrains légèrement imprégnés de sel. — *Nefzaoua* (Letourneux), *Gabès*, île de *Djerba*, *Zarzis* (D' Sicard).

Algérie. Basse-Égypte. Syrie méridionale. – Espagne orientale (sec. Putzeys) ?

TRIB. XVII. **PLATYSMATINI**.
(*Feroniini*, *Pterostichini*).

GEN. **PERCUS** Bon. [1810].

P. bilineatus Dej. [1828] *Sp.* III, 400; Bed. *Cat. Col. N. Afr.* I, 177 et 179. — *lineatus* Sol. [1835]; Lucas in *Expl. Alg.* II, tab. 8, fig. 5.

Bois et endroits découverts, sous les pierres dans un terrier. — *Bizerte* (Abdoul-Kerim), *Tunis* (G. Doria), *Djedeïda* (Alluaud), *Teboursouk* (D' Normand), *Zaghouan* (J. Sahlberg).

Algérie, Sicile.

Ons. C'est par erreur que j'ai cité cette espèce (*loc. cit.* 177, en note) comme dépourvue de pore sétigère aux angles postérieurs du pronotum.

GEN. **PLATYSMA** Bon. [1810].
(*Feronia* ‖ Latr., *Pterostichus* Bon.).

Sect. I. *LYPEROSOMUS* Motsch.

P. elongatum Duft. [1812] *Fauna Austr.* II, 128: Bed. *Cat. Col. N. Afr.* I, 181 et 185. — *Tingitanum* Lucas [1846] in *Expl. Alg.* II, 61, tab. 8, fig. 3.

Lieux humides et chutes d'eau, sous les pierres. — Vallée de la *Medjerda*, *Bulla-Regia* près *Souk-el-Arba* (D' Normand), *Sidi-Tabet* près *Tunis* (Vauloger).

Algérie, Maroc, Europe méridionale, Syrie.

Sect. II. *Pœcilus* Bon. [1]

P. crenulatum Dej. [1828] var. **distinctum** Lucas [1846] in *Expl. Alg.* II, 62, tab. 8, fig. 4; Bed. *Cat. Col. N. Afr.* I, 184 et 187. — *œrarium* Coq. [1859].

Sous les pierres. — Environs de *Bizerte* et de *Tunis; Teboursouk* (D' Sicard). Algérie orientale.

Obs. La var. *distinctum* Lucas (*œrarium* Coq.) diffère du type de l'espèce, qui se trouve en Espagne, et de la var. *Mauritanicum* Dej., répandue dans le NO de l'Afrique, par les impressions de la base du prothorax formées chacune d'un seul trait longitudinal, au lieu de deux.

P. quadraticolle Dej. [1828] *Sp.* III, 211; Bed. *Cat. Col. N. Afr.* I, p. 184 et 188. — *cyaneum* Gory [1833]. — (Var.) *vicinum* Levrat [1859].

Bords des eaux, sous les pierres. — *Bizerte* (Abdoul-Kerim), *Tunis* (V. Mayet), *Souk-el-Arba* (D' Normand), *Teboursouk* (D' Sicard), *Bir Oum-Ali* (Sedillot). Algérie, Maroc, Espagne, Sicile.

Sect. III. *Carenostylus* Chaud.

P. purpurascens Dej. [1828] *Sp.* III, 224; Bed. *Cat. Col. N. Afr.* I, 183 et 189. — *Numidicum* Lucas [1842].

Endroits marécageux, sous les pierres. — *Kroumirie* (Sedillot), *Bizerte* (D' Sicard), *Tunis* (G. Doria), *Teboursouk* (D' Sicard), *Kairouan* (Sedillot), etc. Algérie, Maroc, Europe méridionale occidentale.

Sect. IV. *Ancholeus* Motsch.

P. nitidum Dej. [1828] var. **splendens** Gené [1836] in *Mem. Acc. Torin.* [1836], 169; Bed. *Cat. Col. N. Afr.* I, 185 et 189.

Endroits marécageux, sous les pierres. — Marais de *Mabtouha* (Vauloger); *Tunis* (V. Mayet), *Kessera* (Sedillot). Algérie, Maroc, Espagne centrale et méridionale, Sardaigne.

Obs. La var. *splendens* ne diffère du *nitidum* typique, propre à l'Espagne centrale, que par la coloration homogène de la tête, du prothorax et des élytres.

Sect. V. *Paraderus* Tschitsch.

P. Wollastoni Woll. [1854] *Ins. Mader.* 46, tab. 1, fig. 9; Bed. *Cat. Col. N. Afr.* I, 185 et 189. — *Martini* Bed. [1895] in *Ann. Soc. ent. Fr.* [1895] Bull. p. 345.

Région désertique. — *Kebilli* (D' Normand), *Gabès* (Noualhier). Sahara algérien: îles Madère et Porto-Santo.

---

[1] Lefèvre (*List. Col. Tunis.* 4) mentionne sous le nom de *Feronia* (*Pœcilus*) *Barbara* Lucas un insecte pris à El-Djem par Letourneux et qui n'est évidemment que le vulgaire *P.* (*Orthomus*) *Barbarum* Dej. L'inexpérience de l'auteur en matière de synonymies et l'analogie des deux noms peuvent seules expliquer cette singulière méprise.

Sect. VI. *Pseudopedius* Seidl.

P. crenatum Dej. [1828] *Sp.* III, 226; Bed. *Cat. Col. N. Afr.* I, 184 et 190.

Endroits marécageux. — Toute la Tunisie, jusqu'au *Chott El-Fedjedj* et à *Gabès*.

Algérie, Maroc, Canaries orientales, Péninsule Ibérique, Sicile.

Sect. VII. *Parapedius* Seidl.

P. coarctatum Lucas [1842] in *Ann. Sc. nat.* 2ᵉ sér. XVIII, 64 et in *Expl. Alg.* II, 57, tab. 8, fig. 1; Bed. *Cat. Col. N. Afr.* I, 183 et 190.

Terrains argileux, sous les pierres enfoncées dans le sol. — *Kroumirie* (Alfr. Warion 1881), marais de *Mabtouha* (Vauloger), *Teboursouk* (Dr Normand).

Algérie.

Sect. VIII. *Pedius* Motsch.

P. ineptum Coq. [1859] in *Ann. Soc. ent. Fr.* [1858], 767; Bed. *Cat. Col. N. Afr.* I, 181 et 191.

Terrains argileux et marécageux. — Marais de *Mabtouha* (Vauloger), environs de *Tunis* (G. Doria).

Algérie orientale.

Sect. IX. *Orthomus* Chaud.

P. Barbarum Dej. [1828] *Sp.* III, 261; Bed. *Cat. Col. N. Afr.* I, 182 et 192. — *longulum* Reiche [1856].

Terrains arides, sous les pierres. — Littoral et régions désertiques; îles *Kerkenna* (V. Mayet), île de *Djerba* (Escherich). — Ile de *Pantelleria* (Ragusa).

Algérie, Maroc, îles Canaries, Espagne, Marseille, Sardaigne, Sicile, Malte, Chypre, Syrie, Basse-Égypte, Tripolitaine.

P. rubicundum Coq. [1859] in *Ann. Soc. ent. Fr.* [1858], 769; Bed. *Cat. Col. N. Afr.* I, 182 et 193. — *modicum* Coq. [1859]. — *monogrammum* Chaud. [1859].

Tabarque (J. de Gaulle), *Aïn-Draham* (Pic), *Bizerte* (Dr Sicard), marais de *Mabtouha* (Vauloger), *Tunis*, *Souk-el-Arba* (Dr Normand), *Teboursouk* (Dr Sicard).

Algérie orientale.

P. Leprieuri Pic [1894] in *Ann. Soc. ent. Fr.* [1894], 106; Bed. *Cat. Col. N. Afr.* I, 182 et 194.

Forêts élevées, sous les feuilles mortes. — *Aïn-Draham* (Pic).

Algérie orientale.

Gen. **DISTRIGUS** Dej. [1828].
(*Abacetus* Dej.).

Sect. *Astigis* Ramb.

D. Salzmanni Germ. [1824] *Ins. Sp. nov.* 25: Bed. *Cat. Col. N. Afr.* I, 177 et 195.

Graviers humides au bord des eaux courantes. — *Mateur* (J. Sahlberg), *Oued-Zerga* (Sedillot), *Teboursouk* (Dʳ Normand), *Sbeïtla* (Vauloger), *Tamerza* (Sedillot).

Algérie, Maroc, Europe méridionale.

TRIB. XVIII. **SPHODRINI.**

Gen. **SPHODRUS** Clairv. [1806].

S. leucophthalmus L. [1758] *Syst. Nat.* ed. 10, I, 413; Bed. *Cat. Col. N. Afr.* I, 178 et 195.

Caves, silos et autres excavations, ruines, etc. — *Bizerte* (Dʳ Sicard), *Tunis* (G. Doria), *Teboursouk* (Dʳ Sicard), entre *Sousse* et *Monastir* (Letourneux), *Mezouna* (Dʳ Chobaut), *Gafsa*, *Tozzer*, *Gabès* (V. Mayet).

Tripolitaine, Algérie, Maroc, île de Lanzarote (Canaries orientales), Europe, Asie Mineure, Célésyrie.

Gen. **LÆMOSTENUS** Bon. [1810].

Sect. I. *Sphodroïdes* Schauf.

L. picicornis Dej. [1831] *Sp.* V, 715: Bed. *Cat. Col. N. Afr.* I, 197 et 199. — *Melitensis* Fairm. [1855].

Sous les blocs de pierre. — Amphithéâtre *d'El-Djem* (Sedillot), *Mezouna* Dʳ Chobaut), *Sfax* (Vauloger), île de *Djerba* (V. Mayet, Escherich).

Tripolitaine, Basse-Égypte, Malte, Céphalonie.

Sect. II. *Rhysosphodrus* Bed.

L. Deneveui Fairm. [1859] in *Ann. Soc. ent. Fr.* [1858]. 779: Bed. *Cat. Col. N. Afr.* I, 196 et 199.

Régions désertiques. — *Tozzer* (V. Mayet), *Gafsa* (Sedillot), *Dj. Eddedj* (V. Mayet).

Algérie désertique.

Sect. III. *Lemostenus* s. str.
(*Pristonychus* Dej.).

L. Barbarus Lucas [1846] in *Expl. Alg.* II, 49, tab. 7, fig. 2; Bed. *Cat. Col. N. Afr.* I, 197 et 199. — *atro-cyaneus* Fairm. [1859].

Forêts de Chênes-Liège, sous les écorces à demi soulevées. — *El-Fedja*, *Aïn-Draham* (Sedillot), *Teboursouk* (Dr Normand).

Algérie, Sicile.

L. complanatus Dej. [1828] *Sp.* III, 58; Bed. *Cat. Col. N. Afr.* I, 198 et 200 [1].

Lieux habités; dans les caves, les docks, les navires et sous les écorces d'arbres. — Dans les principaux ports de mer de Tunisie, au moins jusqu'à *Monastir* (Sedillot!); *Teboursouk* (Dr Sicard).

Algérie, Maroc, îles Madère et Canaries, Europe méridionale. — Importé en Amérique et en Australie.

L. recticollis Schauf. [1865] in *Sitzb. der Isis in Dresden* (sep. : *Monogr. Sphodr.* 105); Bed. *Cat. Col. N. Afr.* I, 197 et 200.

Hauts-Plateaux; sous les gros blocs de pierre, dans les trous des Rongeurs et des Lézards. — *Kessera* (Sedillot), *Dj. Char* près *Tala* (Vauloger).

Algérie (Est ?).

L. Algerinus Gory [1833] in *Ann. Soc. ent. Fr.* [1833], 232; Bed. *Cat. Col. N. Afr.* I, 197 et 200. — *Sardous* Lucas [1846] in *Expl. Alg.* II, 48, tab. 7, fig. 1.

Sous les pierres et au pied des arbres. — Tunisie septentrionale, au moins jusqu'à *Kairouan* (Abdoul-Kerim).

Algérie, Maroc oriental, Péninsule Ibérique, France méridionale, Sardaigne.

L. Alluaudi Bed. [1899] *Cat. Col. N. Afr.* I, 198 et 201.

Oblongus, depressus, supra alutaceus, capite thoraceque nigro-piceis vel subcyanescentibus, elytris nigro-cyaneis, antennis piceo-rufis, ab articulo 4° dilutioribus, pedibus piceis, femoribus infuscatis, tibiis ad apicem tarsisque rufescentibus. Caput oblongum, nitidulum, oculis vix convexis. Prothorax supra sericeo-nitidulus, haud longior quam latior, leviter sed manifeste cordatus, antice emarginatus, angulis anticis prominulis, lateribus postice angustatis, leniter sinuatis, angulis posticis obtusis, basi marginata. Elytra oblongo-ovata, plana, opaca, regulariter striata, striis etiam apice bene impressis, intervallis planis, laterum margine omni anguste elevato. Corpus subtus nitidius, haud punctatum, metathoracis

---

[1] J'ai cité à tort cette espèce comme prise à l'île de Djerba; j'ai vérifié récemment l'exemplaire rapporté par M. V. Mayet : c'est un *picicornis* Dej.

episternis latitudine manifeste longioribus; trochanteribus posticis reni-
formibus, tibiis in utroque sexu rectis, anticis in longitudinem uniseriato-
punctatis, tarsis supra substrigosis, haud nitidis, dense pubescentibus,
unguiculis simplicibus. — Long. 14-16 mill.

Région subdésertique, au pied des montagnes. — Gorges de l'*Oued Seldja* à
l'Ouest de *Gafsa* et *El-Hafay* à l'Est d'*El-Aïeïcha* (Alluaud); *Dj. Hatlig* près *Gafsa*
(V. Mayet).

Algérie (SE) : oasis des Ziban (Vauloger).

L. prolixus Fairm. [1875] in *Petites Nouv. ent.* I, 495 et in *Ann. Soc. ent. Fr.* [1879],
157; Bed. *Cat. Col. N. Afr.* J, 198 et 202.

Massifs montagneux. — *Kroumirie : Camp-de-la-Santé* (Pic), dans un bas-fond
humide, sous un amas de feuilles de Chênes.

Algérie.

Obs. Bien que je n'aie plus sous les yeux le *type* unique de cette espèce, je crois
pouvoir y rapporter le seul individu pris en Kroumirie par M. Maurice Pic.

Gen. **CALATHUS** Bon. [1810].

Sect. I. *Bedelinus* Ragusa.

C. circumseptus Germ. [1824] *Ins. Sp. nov.* 15; Bed. *Cat. Col. N. Afr.* I, 204 et 205.

Cultures et terrains près des cours d'eau, sous les pierres et au pied des
Chardons. — *Ghardimaou, Souk-el-Arba, Bulla-Regia, Fernana* (D' Normand),
Aïn-Draham, environs de *Tunis* (Sedillot), *Teboursouk* (D' Sicard). — Île de *Pan-
telleria* (Ragusa).

Algérie. Maroc. Europe méridionale.

Sect. II. *Calathus* s. str.

C. fuscipes Gœze [1777] var. **Algiricus** Gaut. [1864] in *Mitth. Schw. ent. Ges.* II, 164
et 250; Bed. *Cat. Col. N. Afr.* I, 204 et 206. — *Numidicus* Gaut. [1864].

Lieux habités, cultures. etc. : par familles sous les pierres. — Nord de la Tunisie,
au moins jusqu'à *Feriana* (Sedillot).

Algérie et Maroc (var. *Algiricus*), Europe, Caucase, Asie Mineure, Syrie.

C. melanocephalus L. [1758] *Syst. Nat.* ed. 10, I, 410: Bed. *Cat. Col. N. Afr.* I,
205 et 207.

Terrains sablonneux. au pied des plantes et sous les pierres. — *Kessera* (Sedillot), *Sousse* (Letourneux sec. Lefèvre). — Île de *Pantelleria* (Ragusa).

Algérie. Europe. Caucase.

C. mollis Marsh. [1802] var. encaustus Fairm. [1868] in *Ann. Soc. ent. Fr.* [1868], 474; Bed. *Cat. Col. N. Afr.* I, 205 et 207.

Terrains très sablonneux. — Sur toutes les côtes de la Tunisie et dans la vallée de la *Medjerda*.

Tripolitaine, Algérie et Maroc (var. *encaustus*); Europe littorale.

C. Solieri Bassi [1834] in *Ann. Soc. ent. Fr.* [1834], 466, tab. 11, fig. 4; Bed. *Cat. Col. N. Afr.* I, 205 et 208.

Surtout dans les endroits boisés. — *El-Fedja* (Sedillot). *Teboursouk* (Dr Sicard), *Sidi-Tabet* (Vauloger). — Île de *Pantelleria* (Ragusa).

Algérie, Maroc, Sicile.

Gen. **PLATYDERUS** Steph. [1827].

P. elegans Bed. [1900] in *Bull. Soc. ent. Fr.* [1900], 170.

Totus dilute testaceus, supra perparum nitidus, vix depressus, capite pronotoque tenuissime, elytris multo distinctius, alutaceis. Caput breviusculum, oculis subconvexis, antennis tenuibus, basin elytrorum haud longe superantibus. Pronotum paulo longius quam latius, convexiusculum, postice transversim depressum, nec punctatum, nec impressum, antice leviter emarginatum, angulis anticis brevissimis, lateribus subsinuatum, angulis posticis obtusis, apice ipso rotundato, puncto setigero anteposito, basi truncatum et medio immarginatum. Elytra ovata, vix depressa, striis punctatis, haud profundis, intervallo tertio tripunctato, punctis duobus posticis inter striam secundam et tertiam impressis. Corpus subtus nitidius, adhuc tenuius alutaceum, plane impunctatum. Episterna metathoracis postice angustata, vix longiora quam latiora. Femora intermedia margine inferiori punctis quatuor setigeris notata. Tarsi postici graciles, articulo 1° longo, extus subsulcato, articulis 2-5 magis opacis, 2-4 extus subimpressis. Apterus?. — Long. circ. 7 mill. (♀).

Sud de la Tunisie (Marius Blanc in coll. Bedel) [1].

Obs. Le *P. elegans* est remarquable par sa surface très peu déprimée, entièrement alutacée et presque mate, son pronotum peu échancré en avant et sans impressions distinctes en arrière, ses tarses postérieurs dépolis, sa couleur jaunâtre, etc. Par sa forme svelte et bien moins aplatie que celle des autres *Platyderus*, il rappelle, en petit, le facies de certains *Læmostenus* cavernicoles.

P. notatus Coq. [1859] in *Ann. Soc. ent. Fr.* [1858], 771. — *angulosus* Reiche [1869].

Massifs boisés. — *Kroumirie : El-Fedja ; Camp-de-la-Santé* (Dr Normand).

Algérie.

[1] M. V. Mayet a pris à Aïn Segoufta (Ouest du Dj. Bou-Hedma) un *Platyderus* qui doit être le même, si mes souvenirs sont exacts.

P. Cirtensis Reiche [1869] in *Mém. Soc. linn. Norm.* XV (*Cat. Col. Alg.*) 15, note s.

Marais de *Mabtouha* près *Utique* (Vauloger), *Fernana*, *Teboursouk* (Dr Normand).
Algérie.

OBS. De même que le *P. calathoides* Dej., du Maroc, le *P. Cirtensis* pourrait bien
n'être qu'une forme africaine du *P. ruficollis* Marsh., de l'Europe occidentale.

GEN. **AGONUM** Bon. [1810].

(*Platynus* Bon.).

Sect. I. *ANCHOMENUS* Bon.

A. ruficorne Gœze [1777] *Ent. Beytr.* I, 663. — *albipes* Fabr. [1794]. — *pallipes*
Fabr. [1801].

Bords des eaux, sous les pierres très humides. — Toute la Tunisie, jusqu'au
Chott El-Djerid.

Tripolitaine, Algérie, Maroc, îles Fuerteventura, Madère et Açores, Europe.

Sect. II. *AGONUM* s. str.

A. marginatum L. [1758] *Syst. Nat.* ed. 10, I, 416.

Bords des eaux, sous les pierres. — Toute la vallée de la *Medjerda*; environs
de *Tunis* (V. Mayet); *Kessera* (Sedillot), *Khanguet Oum-Ali* (V. Mayet).

Algérie, Maroc, îles Madère et Canaries, Europe, Syrie.

A. fulgidicolle Er. [1841] op. Wagner *Reis. Reg. Alg.* III, 168; Lucas in *Expl. Alg.*
II, 55, tab. 7, fig. 8.

Endroits marécageux, sous les pierres, entre les herbes. — *Bizerte*, *Teboursouk*
(Dr Sicard).

Algérie, Maroc.

OBS. Cette espèce remplace en Afrique l'*Agonum viridi-cupreum* Gœze, dont elle
n'est peut-être qu'une forme locale et très semblable à celle qu'on trouve dans le
Caucase.

A. Numidicum Lucas [1846] in *Expl. Alg.* II, 54, tab. 7, fig. 7.

Endroits marécageux, sous les pierres. — *Aïn-Draham* (Sedillot), *Fernana*
(Dr Normand), *Teboursouk* (Dr Sicard), environs de *Tunis* (Dr Normand).

Algérie, Maroc, Andalousie, Sicile.

OBS. Cette espèce remplace en Afrique l'*Agonum Mülleri* Herbst, répandu dans
presque toute l'Europe.

A. lugens Duft. [1812] *Fauna Austr.* II, 139.

Marais, au pied des roseaux. — *Tunis* (Hénon).

Maroc : Larache; Algérie : La Calle; Portugal, Europe moyenne, Transcaucasie.

A. nigrum Dej. [1828] *Sp.* III, 157. — *pusillum* Schaum [1858]. — *Dahli* Preudh. [1879].

Endroits marécageux. — *Tunis* (Elena), *Teboursouk* (Dr Sicard).

Algérie, Maroc, Europe, Syrie, Basse-Égypte.

Gen. **OLISTHOPUS** Dej. [1828].

O. fuscatus Dej. [1828] *Sp.* III, 180. — *elongatus* Woll. [1854].

Sous les pierres des terrains sablonneux. — De la *Kroumirie* aux environs de *Tunis* (Sedillot); *Souk-el-Arba* (Dr Normand).

Algérie, Maroc, Madère, Europe méridionale, Asie Mineure.

Gen. **MASOREUS** Dej. [1828].

M. Ægyptiacus Dej. [1828] *Sp.* III, 538. — *testaceus* Lucas [1846]. — *arenicola* Woll. [1863].

Terrains découverts, sablonneux et chauds, au pied des plantes basses ou sous les pierres. — Presque toute la Tunisie.

Tripolitaine, Algérie, Maroc, îles Canaries, Espagne, Italie méridionale, Syrie, Basse-Égypte.

Obs. Cette espèce est très voisine du *M. Wetterhalli* Gyll.; elle en diffère par sa surface finement alutacée[1].

TRIB. XIX. **GRAPHOPTERINI.**

Gen. **GRAPHOPTERUS** Latr. [1802].

Sect. I.

G. serrator Forsk. [1775] *Descr. Anim.* 77. — *variegatus* Fabr. [1781].

Le type de l'espèce est d'Égypte (région des Pyramides).

Var. β. **Valdani** Guér. [1859] in *Rev. et Mag. Zool.* XI, 529 et 534 (sep. p. 5 et 11), tab. 21, fig. 3 : major, elytrorum maculis inæqualibus, limbo laterali intus late longiusque bilobato.

Sables désertiques. — *El-Guettar* (Dr Sicard) et région des *Chott El-Djerid* et *El-Fedjedj*.

Var. γ. **multiguttatus** Ol. [1790] in *Encycl. méth.* V, 335 et *Ent.* III, gen. 35, tab. 6, fig. 66 (*luctuosus* Dej.) : medius, elytrorum limbo intus vix lobato, maculis dorsi numerosis, subæqualibus.

Sables désertiques. — Régions de *Sfax*, de *Gafsa*, de *Gabès*, etc.

---

[1] Il est probable que de nouvelles recherches dans le Sud de la Tunisie y feront découvrir le *M. orientalis* Dej. (*grandis* Zimm., *laticollis* Chaud., *nobilis* Woll.), espèce dont l'habitat s'étend des Canaries orientales à l'embouchure de l'Indus, en passant par le Sahara algérien, l'Égypte, etc.

Var. *δ*. **Barthelemyi** Dej. [1829] *Iconogr.* I, 181, tab. 19, fig. 5 : minor, prothorace breviore, elytris griseo-pilosis, nebulosis, maculis sæpius haud vel male determinatis.

Terrains sablonneux, gazons secs. — Nord-Est et Centre de la Tunisie : *Carthage* (Alluaud), *La Goulette* (Dr Kobelt), *Tunis* (Barthélemy), *Hammam-el-Lif* (Elena), *Kairouan* (Abdoul-Kerim), entre *Tala* et *Kasserin* (Vauloger), îles *Kerkenna* (sec. V. Mayet). — Variété spéciale à la Tunisie [1].

Obs. Suivant la latitude ou la nature du sol, le *G. serrator* subit une série de modifications que Dejean, Guérin et Chaudoir se sont vainement évertués à caractériser. Il faut bien reconnaître aujourd'hui qu'on se trouve ici en présence d'une espèce extrêmement polymorphe et qu'il est impossible de scinder. — Le dessin des élytres, souvent asymétrique, se prête, en outre, à de fréquentes aberrations individuelles [2].

Algérie désertique, Tripolitaine, Libye, Basse-Égypte; Palestine : Gaza.

Sect. II.

G. exclamationis Fabr. [1792] *Ent. Syst.* I, part. 1, 143.

Collines arides à sol argilo-sableux: sous les pierres et autour des rochers. — *Sidi-Tabet* près *Tunis* (Vauloger), *Hammam-el-Lif* (J. Sahlberg), *Djedeïda*, *Tebourba*, *Teboursouk* (Dr Sicard), *Feriana* (Éd. Blanc).

Algérie, Maroc.

TRIB. XX. **LEBIINI.**

Gen. **LEBIA** Latr. [1802].

Sect. I. *LAMPRIAS* Bon.

L. fulvicollis Fabr. [1792] *Ent. Syst.* I, part. 1, 152; Lucas in *Expl. Alg.* II, tab. 3, fig. 5.

Sous les grosses pierres recouvrant des détritus végétaux. — *Tunis* (Abdoul-Kerim), *Teboursouk* (Dr Sicard), entre *Feriana* et *Kasserin* (Sedillot).

Algérie, Maroc, Péninsule Ibérique. — France méridionale et Italie (var. *pubipennis* Duf.).

---

[1] Fairmaire (*Ann. Mus. civ. Gen.* VII [1875], 478) cite la var. *barthelemyi* comme trouvée «de Tamerza à Tozzeur», mais il est très probable qu'il y a eu transposition dans le texte.

[2] Un individu de la var. *multiguttatus*, pris à Gafsa par le docteur Chobaut, a toutes les taches latérales des élytres presques fondues entre elles et d'aspect neigeux, tandis que les taches internes sont restées isolées.

Parmi les individus pris à Maharès par M. Alluaud, il s'en trouve quelques-uns dont les taches élytrales tendent également à devenir confuses.

Sect. II. *Echimuthus* Leach.

L. cyanocephala L. [1758] var. **Numidica** Lucas [1846] in *Expl. Alg.* II, 20, tab. 3 , fig. 6.

Sous les pierres et sur les arbustes, surtout dans les endroits secs. — Toute la Tunisie septentrionale.

Algérie, Europe méridionale et moyenne, Asie Mineure, Chypre, Syrie.

Sect. III. *Lebia* s. str.

L. crux-minor L. [1758] *Syst. Nat.* ed. 10, 1, 416. — (Var.) *nigripes* Dej. [1825].

Sur divers végétaux. — *El-Fedja* (Vauloger).

Europe moyenne et méridionale, Asie Mineure, Liban, Sibérie occidentale.

L. trimaculata Villers [1789] *Car. Linn. Ent.* 1, 383. — *cyathigera* Rossi [1790].

Sur les arbustes, les Chardons, etc. — *Nebeur* (Sedillot).

Algérie, Europe méridionale, Transcaucasie, Asie Mineure, Liban.

L. Thaïs Bed. [1897] in *Bull. Soc. ent. Fr.* [1897], 118.

Souk-el-Arba, juin 1899 (Dr Normand).

Algérie.

L. scapularis Fourcr. [1785] var. **Poupillieri** Chevr. [1859] in *Rev. et Mag. Zool.* [1859], 380.

Sur les arbustes. — *El-Fedja* (Dr Normand).

Algérie. — Le type de l'espèce se trouve surtout dans le Midi de l'Europe.

Gen. **LIONYCHUS** Wissm. [1846].

L. albo-notatus Dej. [1825] *Sp.* 1, 249. — *albo-maculatus* Lucas [1846].

Bords des ruisseaux, sur le sable. — *Ghardimaou* (Dr Normand), *Mateur* et *Dj. Reças* (J. Sahlberg), environs de *Tunis* (G. Doria), *Oued Kouki* à l'Ouest d'*Hadjeb-el-Aïoun* (Vauloger).

Algérie, Maroc, Péninsule Ibérique, Languedoc.

Gen. **APRISTUS** Chaud. [1846].

A. subæneus Chaud. [1846] *Énum. Carab. Cauc.* 63. — *striatipennis* Lucas [1846] in *Expl. Alg.* II, 17, tab. 2, fig. 5. — *Prophetæi* Reiche [1862].

Bords des cours d'eau, sur le sable humide. — *Ghardimaou* (Dr Normand).

Oued-Zerga (Sedillot), *Teboursouk* (D' Sicard), environs de *Tunis* (G. Doria), *Oued Kouki* à l'Ouest d'*Hadjeb-el-Aïoun* (Vauloger).

Algérie, France méridionale, Dalmatie, Grèce, Arménie russe.

Gen. **METABLETUS** Schmidt-Gœb. [1841][1].

M. fusco-maculatus Motsch. [1842] *Ins. Sibér.* 59. — *exclamationis* Mén. [1849]. — *arenicola* Woll. [1854]. - *vittula* Fairm. [1859].

Terrains secs, sous les pierres. — Toute la Tunisie jusqu'au *Chott El-Djerid* et à *Gabès*; île de *Djerba* (Escherich).

Algérie, Maroc, Canaries orientales, Madère, Espagne méridionale, îles Baléares; Arménie, Asie Mineure, Chypre, Syrie jusqu'au Jourdain.

M. lateralis Motsch. [1855] *Études ent.* [1855], 82. — *mutabilis* Reiche [1856].

Région désertique. — *Kairouan* (Pic).

Algérie désertique, Égypte, Palestine.

M. pallidipes Dej. [1825] *Sp.* I, 246.

Endroits frais, souvent dans les bois. — *Souk-el-Arba* (D' Normand), *Teboursouk* (D' Sicard), marais de *Mabtouha* (Vauloger).

Algérie, Maroc, Europe méridionale, Autriche, Caucase.

Obs. Le seul exemplaire trouvé à Souk-el-Arba se fait remarquer par ses élytres ornés de quatre taches pâles très apparentes.

M. foveatus Geoffr. [1785] ap. Fourcr. *Ent. Paris.* 52. — *foveola[tus]* Gyll. [1810].
Var. β. inæqualis Woll. [1863] in *Ann. Nat. Hist.* ser. 3, XI, 214.

Au pied des plantes, sous les pierres, etc. — Nord de la Tunisie, au moins jusqu'à *Mehedia* (Sedillot).

Algérie, Maroc, îles Canaries, Europe.

Obs. En Tunisie, comme en Algérie, le type et la var. *inæqualis* Woll. se trouvent simultanément et c'est sans doute à cette dernière que se rapporte le *Metabletus* cité de La Goulette par L. von Heyden, in *Bericht Senckenb. nat. Ges.* [1886], 51, sous le nom erroné de *cupreus* Waltl.

M. scapularis Dej. [1831] *Sp.* V, 354. — *flavo-axillaris* Motsch. [1864].

Au pied des plantes basses. — *Fernana* (D' Normand).

Algérie, Maroc, Espagne méridionale.

---

[1] L'insecte signalé de Tunisie par L. von Heyden (*Deutsche ent. Zeitschr.* [1890], 66) sous le nom de *Metabletus signifer* Reitt. n'est autre qu'un *Tachys scutellaris* Steph.

Gen. **BLECHRUS** Motsch. [1847].

B. vittatus Motsch. [1859] *Études ent.* [1859], 122. — *vittatus* Baudi [1864]. — *Fedjedjensis* Mayet [1887] in *Ann. Soc. ent. Fr.* [1887] Bull. p. 89. — *Baudii* Fairm. [1892] in *Rev. d'Ent.* XI, 84 (nomen nudum).

Région désertique; terrains argilo-sableux, au pied des plantes basses. — *Sfax* (Vauloger), *Gafsa*, *Bir Marabot*, *Gueraat El-Fedjedj* (Sedillot); dans cette dernière localité on trouve à la fois des individus clairs, à pattes entièrement rousses, et d'autres plus foncés, à fémurs noirâtres.

Sahara algérien, Égypte, Syrie, Mésopotamie.

Obs. Les noms de *vittatus* Baudi, *Fedjedjensis* Mayet et *Baudii* Fairm. sont exactement synonymes de *vittatus* Motsch., car la description de ce dernier porte que les pattes sont «d'un testacé plus ou moins clair»; Motschulsky ajoute seulement que les fémurs sont «souvent» brunâtres, ce qui est parfaitement exact.

B. plagiatus Duft. [1812] *Fauna Austr.* II, 249.

Terrains argilo-sableux, dans les crevasses du sol et au pied des végétaux. — *Aïn Babouch* (Sedillot), *Fernana*, *Bulla-Regia* (Dr Normand), etc. et toute la région désertique jusqu'au *Chott El-Fedjedj* (Sedillot).

Algérie, Maroc, îles Canaries, Europe méridionale, région Transcaspienne, Asie Mineure, Syrie, Basse-Égypte.

B. Abeillei Ch. Bris. [1885] in *Ann. Soc. ent. Fr.* [1885] Bull. p. 103. — *lœcipennis* ‡ Ch. Bris. (nec Lucas).

Au pied des plantes basses, sous les pierres, etc. — Presque toute la Tunisie, au moins jusqu'à *Sfax* (Vauloger) et à *Gafsa* (Alluaud).

Algérie, Péninsule Ibérique, France méridionale.

Obs. Le mâle de cette espèce se distingue entre tous par son dernier segment ventral orné d'une plaque râpeuse. Les contours de cette plaque varient un peu et ne sont pas toujours aussi régulièrement arrondis que l'indique la description.

B. minutulus Goeze [1777] *Ent. Beytr.* I, 665. — *glabratus* Duft. [1812]. — *lœcipennis* Lucas [1846] in *Expl. Alg.* II, 18, tab. 2, fig. 7. — *confusus* Ch. Bris. [1885].

Au pied des plantes basses, sous les pierres, etc. — Toute la Tunisie, au moins jusqu'à *Gabès* (Dr Normand).

Algérie, Europe et région méditerranéenne.

B. Mauritanicus Lucas [1846] in *Expl. Alg.* II, 16, tab. 2, fig. 6.

Toute la Tunisie, au moins jusqu'à *Gabès* (Alluaud).

Algérie.

Obs. Cette espèce diffère de la précédente par ses antennes à articles courts et sa taille bien plus petite; elle remplace en Afrique le *B. maurus* Sturm, dont elle se distingue par son front alutacé et ses yeux non saillants.

Gen. **DROMIUS** Bon. [1810].

D. vage-pictus Fairm. [1875] in *Ann. Mus. civ. Gen.* VII, 502. — *communimacula* Fairm. [1879] in *Ann. Soc. ent. Fr.* [1879], 155.

Régions chaudes ou désertiques, sur les arbustes. — *Teboursouk* (D' Normand) et toute la Tunisie méridionale, de *Feriana* (Sedillot) et de *Sfax* (Vauloger) à *Tozzer* (Abdoul-Kerim) et à *Gabès* (D' Sicard).

Algérie.

D. dendrobates Bed. [1900] in *Bull. Soc. ent. Fr.* [1900], 13.

Régions boisées; sur les Chênes-Liège. — Entre *Aïn-Draham* et *Fernana* (D' Normand); *Souk-el-Arba* (D' Sicard).

Algérie orientale.

Obs. La capture d'un individu à Souk-el-Arba, sous l'écorce d'un *Eucalyptus*, est sans doute accidentelle.

D. linearis Ol. [1792] *Ent.* III, gen. 35, 111.

Sur les herbes, sous les pierres, etc. — Tout le Nord de la Tunisie et, dans l'Est, au moins jusqu'à *El-Djem* (Sedillot).

Algérie, Maroc, Europe.

D. meridionalis Dej. [1825] *Sp.* I, 242.

Massifs boisés, sous les écorces d'arbres. — *El-Fedja* (Vauloger), *Souk-el-Arba* (D' Sicard).

Algérie, Maroc, Europe méridionale occidentale.

D. sellatus Motsch. [1855] *Études ent.* [1855], 82.

Je crois pouvoir rattacher à cette rare espèce (dont je possède un individu pris au Caire par Hénon) deux *Dromius* provenant l'un de *Gueraat El-Fedjedj* (V. Mayet), l'autre de *Kebilli* (D' Normand) et qui ne diffèrent de l'insecte égyptien que par leurs élytres ornés chacun, à la base, d'une tache brune réniforme partant du rebord antérieur mais n'atteignant ni le bord interne ni le bord externe. Comme chez le *D. sellatus*, les élytres présentent, vers leur milieu, une fascie transversale brune qui remonte en pointe le long de la suture et s'avance vers l'écusson sans l'atteindre complètement; la tête et le prothorax sont également d'un rouge testacé.

Je désigne l'insecte du Sud tunisien sous le nom de var. **lebioïdes**.

D. bifasciatus Dej. [1825] *Sp.* I, 237.

Forêts de Chênes, sous les écorces des branches sèches. — *Kroumirie : El-Fedja* (Vauloger), *Aïn-Draham* (Sedillot).

Algérie, Europe occidentale.

D. melanocephalus Dej. [1825] *Sp.* I, 234. — *tener* Coq. [1859].

Parmi les détritus végétaux et sous les pierres. — *Teboursouk* (D' Normand), frontière algérienne de la *Kroumirie* (Sedillot).

Var. β. **crucifer** Lucas [1846] in *Expl. Alg.* II, 15, tab. 2, fig. 4. — *sacerdos* Peyron [1858].

Toute la Tunisie, jusqu'au *Chott El-Djerid* (Sedillot).

Algérie, Maroc, Europe et bassin méditerranéen jusqu'en Syrie.

Obs. Le type, si commun en Europe, est rare en Afrique, où prédomine de beaucoup la var. *crucifer;* cette dernière est exclusivement méditerranéenne.

D. accentifer Raffray [1873] in *Rev. et Mag. Zool.* [1873], 360 (sep. p. 29).

Région désertique; terrains argilo-sableux, souvent sous les Salsolacées. — *Kairouan* (Sedillot), *Hadjeb-el-Aïoun*, oasis d'*El-Guettar* (Vauloger).

Algérie désertique.

D. ephippiatus Fairm. [1883] in *Comptes rendus Soc. ent. Belg.* [1883], 156.

Région désertique. — *Sbeïtla* (Vauloger), *Dj. Hattig* près *Gafsa*, *Dj. Eddedj* au NE d'*El-Aïeïcha* (V. Mayet).

Algérie désertique.

D. Myrmidon Fairm. [1859] in *Ann. Soc. ent. Fr.* [1859] Bull. p. 103.

Terrains sableux, au pied des plantes basses. — *Souk-el-Arba* (D' Normand), *Djedeïda* (Pic), *Tunis* (Hénon).

Algérie, Maroc, Europe (Sud-Ouest).

D. late-plagiatus Fairm. [1873] in *Rev. et Mag. Zool.* [1873], 332.

Montagnes boisées; surtout au pied des Chênes, sous les feuilles mortes ou dans le terreau. — *Kroumirie* (Sedillot).

Algérie.

Gen. **DEMETRIAS** Bon. [1810].

D. atricapillus L. [1758] *Syst. Nat.* ed. 10, I, 416.

Endroits humides et herbeux. — *Aïn-Draham* (Sedillot), *Hateur* (J. Sahlberg), environs de *Tunis* (G. Doria).

Algérie, Maroc, toute l'Europe, Sibérie, Haute-Syrie.

Gen. **TRICHIS** Klug [1832].

T. maculata Klug [1832] *Symb. phys.* III, tab. 21, fig. 10.

Argiles salées du littoral et des chott, à la racine des plantes basses. — *Mehedia* (Sedillot), *Sfax* (Pic); *Kebilli* (D' Normand).

Algérie. Espagne orientale : Carthagène; Grèce : Attique; Perse, Sind; Basse-Égypte : isthme de Suez. Alexandrie.

4.

Gen. **GLYCIA** Chaud. [1842]
(*Neotarus* Reitt.).

G. unicolor Chaud. [1848] in *Bull. Soc. Nat. Mosc.* [1848]. 72. — *Henoni* Fairm.
[1859] in *Ann. Soc. ent. Fr.* [1859] Bull. p. 51.

Région désertique, au pied des plantes salines. — *Kairouan* (Sedillot).

Algérie désertique; isthme de Suez; île de Perim.

G. ornata Klug [1832] *Symb. phys.* III, tab. 22, fig. 3. — *Spencei* Gistl [1859]. —
Krüperi Reitt. [1884].

Berges de la *Medjerda* près de son embouchure (Vauloger), *Hammam-el-Lif*
(Elena).

Espagne orientale : Carthagène: Grèce : Attique; Basse-Égypte.

Gen. **SINGILIS** Ramb. [1838].

S. Mauritanica Lucas [1846] in *Expl. Alg.* II, 19, tab. 2, fig. 10.

Sous les pierres et au pied des arbres. — *Kessera*, *Sbeïtla*, *Sfax* (Vauloger).

Algérie. Maroc, Espagne méridionale.

Gen. **CYMINDIS** Latr. [1806].

C. axillaris Fabr. [1794] *Ent. Syst.* IV, 441. — (Var.) *lineola* Dufour [1820].

Environs de *Tunis* (G. Doria). *Makteur* (Vauloger), entre *Sousse* et *Sidi-el-Hani*
(Sedillot): l'individu provenant de cette dernière contrée est de grande taille
(12 mill.) et de forme robuste; il rappelle les exemplaires marocains que Chaudoir
a décrits sous le nom de *C. Africana*.

Algérie. Maroc. Europe, Asie Mineure.

Obs. Cette espèce est aptère et surtout caractérisée par l'assez forte ponctuation
du prosternum et des pièces latérales du métasternum.

C. Sitifensis Lucas [1846] in *Ann. Sc. nat.* 2ᵉ sér. XVIII, 61 et in *Expl. Alg.* II, 9,
tab. 1, fig. 8. — (Var.) *leucophthalma* Lucas [1842]. — (Var.) *lævistriata* Lucas
[1846].

Régions arides. — Surtout dans le Sud et le Sud-Est de la Tunisie, à partir de
Kairouan (Abdoul-Kerim).

Algérie. Tripolitaine.

Obs. Espèce extrêmement variable, distincte de la précédente par son prosternum sans ponctuation et ses ailes propres au vol. Les exemplaires très pâles et
presque dépourvus de dessin élytral ressemblent beaucoup au *C. suturalis* Dej.,
d'Alexandrie. mais chez ce dernier les ailes sont atrophiées et les élytres sont
plus ovales.

Gen. **CYMINDOÏDEA** Lap.-Cast. [1832].
(*Platytarus* Fairm.).

C. Fairmairi Dej. [1826] *Sp.* II, 447.

Terrains argileux, humides et salés. — Environs de *Tunis* (G. Doria): *Gafsa* (Dr Chobaut); *Kebilli* (Dr Normand).

Algérie, France méridionale, Sicile, Transcaucase, Basse-Égypte.

C. bufo Fabr. [1801] *Syst. El.* I, 216. — *Mauritanica* Dej. [1831].

Terrains argileux, sous les pierres et les mottes de terre humides. — Nord-Ouest de la Tunisie (Alfr. Warion), *Bizerte* (Dr Sicard), *Tunis* (G. Doria), environs de *Kairouan, Mehedia* (Vauloger).

Algérie, Maroc.

TRIB. XXI. **ZUPHIINI.**

Gen. **ZUPHIUM** Latr. [1806] [1].

Z. olens Rossi [1790] *Fauna Etrusca* I, 217, tab. 5, fig. 2.

Endroits vaseux, bords des marais. — *Bizerte, Sidi-Tabet, Sfax* (Vauloger).

Algérie, Maroc, Europe méridionale, Caucase, Turkestan, Syrie, Égypte, Érythrée, etc.

Z. Chevrolati Lap.-Cast. [1833] ap. Silberm. *Rev. ent.* I, 192.

Terrains marécageux, enterré dans le sol. — *Sidi-Tabet* (Vauloger), *Teboursouk* (Dr Sicard).

Algérie, Europe méridionale.

TRIB. XXII. **DRYPTINI.**

Gen. **DRYPTA** Latr. [1796].

D. dentata Rossi [1790] *Fauna Etrusca* I, 222. — *emarginata* Ol. [1790].

Endroits herbeux et humides. — *Tunis* (G. Doria), *Teboursouk* (Dr Sicard), *Fernana* (Dr Normand) et *Kroumirie* algérienne (Sedillot); S. de *Maktenr* (Vauloger).

Algérie, Maroc, Europe, Sibérie.

D. distincta Rossi [1792] *Mant. Ins.* I, 83. — *cylindricollis* Fabr. [1798].

Berges des oued et fossés humides. — *Teboursouk* (Dr Sicard).

Algérie, Maroc, Europe méridionale; Sénégal; Natalie.

---

[1] Le **Z.** *Panicum* Daniel [1898] est, malgré son nom, une espèce exclusivement algérienne; il a été décrit sur un seul exemplaire provenant de Medeah et qui fait partie de ma collection.

TRIB. XXIII. **ANTHIINI.**

Gen. **ANTHIA** Weber [1801].

Sect. I.

A. venator Fabr. [1792] *Ent. Syst.* I, part. 1, 141. — *cursor* Ol. [1795].

Région désertique, terrains argilo-sableux ; surtout à la tombée de la nuit. — *Bordj Gourbata* (V. Mayet), *Nefta* (Abdoul-Kerim). *Tozzer* (Éd. Blanc), *Kebilli* (Sedillot), *Guelaa, Nouïl, Douz, Oglet Telamin* près *Oudref* (Éd. Blanc), *Bir Solthan* (Dʳ Sicard).

Sahara algérien, Tripolitaine. – Égypte (sec. Latreille), Sénégal (sec. Fabricius).

Sect. II.

A. sexmaculata Fabr. [1787] *Mant. Ins.* I, 196.

Dunes désertiques. — Tout le Sud-Est de la Tunisie, à partir de *Kairouan* (Abdoul-Kerim), et toute la région des Chott : s'avance jusqu'au littoral du côté de *Sfax*, de *Metouia*, etc.

Algérie désertique, Tripolitaine; isthme de Suez : Salahieh; Palestine ; Gaza. – Nubie (sec. Castelnau)?

Obs. Dans le Nefzaoua et en Tripolitaine existe, avec le type, une variété caractérisée par la présence d'une tache de pubescence sur le 2ᵉ interstrie des élytres et par la bordure latérale blanche toujours plus longue.

TRIB. XXIV. **BRACHYNINI.**

Gen. **BRACHYNUS** Weber [1801].

Sect. I.

B. nobilis Dej. [1831] *Sp.* V, 415. — *maculatus* Klug [1833] *Symb. phys.* tab. 22, fig. 6.

Région désertique : bords des puits, sous les pierres. — *Redir Zellouza* (V. Mayet) et *Biar Fedjedj* (Alluaud) sur la route de *Gafsa* à *Gabès*.

Sahara algérien; Dongola; Abyssinie (sec. Chaudoir), Obock (sec. Fairmaire); Sénégal; Palestine ; Saint-Jean d'Acre (Peyron sec. Chaudoir).

Sect. II. *Brachynus* s. str.

B. humeralis Ahr. [1812] *Fauna Ins. Eur.* 12, 9. — *causticus* Serv. [1821].

Marécages et terrains inondés. — Marais de *Mabtouha* (Vauloger), réservoir d'eau de *Tunis* (Dʳ Sicard), *Bulla-Regia* près *Souk-el-Arba* (Dʳ Normand).

Algérie, Maroc, Europe méridionale occidentale.

B. exhalans Rossi [1792] *Mant. Ins.* I, 84, tab. 1, fig. B.

Endroits humides. — *Bizerte* (Dr Sicard), environs de *Tunis* (G. Doria), *Bulla-Regia* près *Souk-el-Arba* (Dr Normand).

Algérie, Maroc, Europe méridionale.

B. Græcus Dej. [1831] *Sp.* V, 430. — *immaculicornis* (ex parte) Dej.

Endroits marécageux, sous les pierres. — Toute la Tunisie, jusqu'au *Chott El-Fedjedj.*

Algérie, Maroc, Europe méridionale, Syrie jusqu'au Jourdain.

B. crepitans L. [1758] *Syst. Nat.* ed. 10, I, 414.

Endroits humides. — *Tunis* (G. Doria).

Algérie, Maroc, Europe, Orient.

B. psophia Serv. [1821] var. plagiatus Reiche [1868]. — *bombarda* ‡ Latr. et Dej.

Endroits humides. — *Bizerte* (Dr Sicard), *Tunis* (Sedillot), *Bulla-Regia* près *Souk-el-Arba* (Dr Normand).

Algérie, Maroc, Europe méridionale.

B. sclopeta Fabr. [1792] *Ent. Syst.* I, part. 1, 136.

Endroits humides. — Tout le Nord de la Tunisie.

Algérie, Maroc, Europe méridionale et moyenne.

Sect. III.

B. Andalusiacus Ramb. [1838] *Faune Andal.* 32.

Endroits marécageux. — *Bizerte* (Dr Sicard), *Tunis* (G. Doria), *El-Fedja* (Hénon), *Fernana* (Dr Normand), *Teboursouk* (Dr Sicard).

Algérie, Maroc, Espagne méridionale.

Obs. Les individus tunisiens sont identiques à ceux que l'on trouve à Tanger et paraissent correspondre exactement au type d'Andalousie.

Gen. **PHEROPSOPHUS** Sol. [1833].

P. Africanus Dej. [1825] *Sp.* I, 303.

Région désertique, au bord des canaux d'irrigation. — *Gafsa*, *Tamerza*, *Nefta*, *Tozzer*, *Degach*, *Kebilli* (Sedillot), *Gabès* (V. Mayet).

Tripolitaine. Sahara algérien. Mogador. Fayoum : pays des Bogos (Dr Beccari), Yémen méridional (Dr Gestro), Socotora (sec. Balfour).

FAM. III. **PAUSSIDÆ.**

Gen. **PAUSSUS** L. [1775].

P. Saharæ Bed. [1900] in *Bull. Soc. ent. Fr.* [1900], 278. — *cornutus* ‡ Fairm. (nec Chevr.).

Région désertique: souvent le soir, au vol. — Domaine de l'*Enfida* (P. Flick), *Sfax*, *Sbeïtla*, *Gamouda* (Vauloger). *El-Hafay*, *Gabès* (Dr Sicard). *Moudenin* (coll. Sedillot). *Kebilli* (Dr Normand).

Sahara algérien; Basse-Égypte: Alexandrie (sec. Leprieur).

Obs. C'est l'espèce que J. Bourgeois (*Ann. Soc. ent. Fr.* [1895] Bull. p. 22) a signalée de l'Enfida sous le nom de «*P. Æthiops*».

P. Favieri Fairm. [1852] in *Ann. Soc. ent. Fr.* [1851] Bull. p. 110 et [1852], 76, tab. 3, fig. 4.

Dans les fourmilières de *Pheidole pallidula* Nyl. sous les pierres. — *Aïn-Draham* (Sedillot): montagne de *Porto-Farina* (Vauloger).

Algérie. Maroc, Espagne, Pyrénées-Orientales.

FAM. IV. **HALIPLIDÆ.**

Gen. **HALIPLUS** Latr. [1802].

H. mucronatus Steph. [1828] *Ill. Brit.* II, 40, tab. 11, fig. 1. — *badius* Aubé [1836].

Eaux douces ou saumâtres. — Tout le littoral de la Tunisie, vallée de la *Medjerda*, etc.: région des Chott jusqu'au *Nefzaoua*.

Tripolitaine (Alluaud). Algérie. Europe méridionale et moyenne.

H. guttatus Aubé [1836] *Iconogr.* V. 27, tab. 2, fig. 2.

Gabès (sec. Letourneux in coll. V. Mayet)?

Algérie. Maroc. France méridionale. Italie.

H. Andalusiacus Wehncke [1872] in *Berlin. ent. Zeitschr.* XVI, 135.

Eaux saumâtres. — *Tunis* et *Gafsa* (Vauloger); *El-Oudian*, *Kebilli* (Sedillot).

Algérie. Maroc. Andalousie.

Obs. Espèce voisine du *variegatus* Sturm, qu'elle remplace en Afrique.

H. lineaticollis Marsh. [1802] *Ent. Brit.* 429. — *suffusus* Woll. [1863].

Dans toutes les eaux stagnantes. — Toute la Tunisie, jusqu'au *Nefzaoua* et à *Gabès* (Dr Normand).

Algérie. Maroc, îles Canaries. Europe, Orient.

Gᴇɴ. **PELTODYTES** Régimb. [1879].
(*Cnemidotus* ‡ Er.).

P. cæsus Duft. [1805] *Fauna Austr.* I, 284.

Eaux stagnantes. — Environs de *Tunis* (G. Doria).

Algérie orientale : La Calle: Europe, Syrie.

P. conifer Seidl. [1887] in *Verh. nat. Ver. Brünn* XXV (*Best.-Tab. Dytisc.* 35); Régimb. in *Mém. Soc. ent. Belg.* IV [1895], 9.

Eaux douces. Bassin de la *Medjerda* : marais de *Bulla-Regia* près *Souk-el-Arba* (Dʳ Normand), *Dj. Ech-Cheïd* près *Teboursouk* (Dʳ Sicard); oasis d'*El-Guettar* (Vauloger).

Algérie, Maroc, Sicile, Grèce.

FAM. V. **HYGROBIIDÆ.**

Gᴇɴ. **HYGROBIA** Latr. [1804].
(*Pelobius* Schönh.).

H. tarda Herbst [1779] in *Beschäft. Berl. Ges.* [1779], 318, tab. 7, fig. 3.

Eaux stagnantes à fond vaseux. — *Kroumirie* (Letourneux), *Teboursouk* (Dʳ Sicard).

Algérie, Maroc jusqu'à Mogador, Europe.

FAM. VI. **DYTICIDÆ.**

TRIB. I. **HYDROPORINI.**

Gᴇɴ. **HYDROPORUS** Clairv. [1806].

Sect. I. *Deronectes* Sharp.

H. Fairmairei Lepr. [1876] in *Petites Nouv. ent.* II, 53. — *bombycinus* Lepr. [1876]. — *restitus* ‖ Fairm. [1859].

Régions montagneuses: eaux courantes à fond de gravier. — *El-Fedja* (Sedillot). *Fernana* (Dʳ Normand), *Dj. Ech-Cheïd* près *Teboursouk* (Dʳ Sicard), *Sidi-Mohamed-ben-Ali* (Sedillot), *Dj. Meghila* (Vauloger), *Dj. Reças* (J. Sahlberg).

Algérie, Maroc. Péninsule Ibérique, France méridionale, Corse.

H. Clarki Woll. [1862] in *Ann. and Mag. Nat. Hist.* IX, 438. — *subtruncatus* Fairm. [1876].

Eaux courantes à fond de gravier. — *Tunis* (G. Doria), *Dj. Ech-Cheïd* près *Teboursouk* (Dʳ Sicard), *Dj. Reças* (J. Sahlberg), *Oued Marguelil, Sbeïtla, Tamerza,*

Gafsa (Sedillot), *Oued Eddedj*, *Khanguet Oum-Ali* (V. Mayet), *El-Hamma–Beni-Zid* (Alluaud), *Zarzis* (Dr Sicard).

Algérie. Maroc. Canaries orientales. Péninsule Ibérique.

H. Cerisyi Aubé [1838] *Sp.* VI, 543; Régimb. in *Mém. Soc. ent. Belg.* IV [1895], 19. — (Var.) *Bæticus* Schaum [1864]. — (Var.) *acuminatellus* Fairm. [1876].

Lagunes et flaques d'eau salée, surtout dans les contrées désertiques de l'intérieur. — *Fernana* (Dr Normand), environs de *Tunis* (Elena), régions du *Cap Bon* (Letourneux), de *Gafsa*, de *Tozzer*, de *Gabès*, etc.; *Nefzaoua* : *Kebilli* (Dr Normand). — Île de *Pantelleria*.

Tripolitaine. Algérie, Maroc, île de Porto-Santo, île de Lanzarote, Péninsule Ibérique. France méridionale, Italie. Basse-Égypte, côtes de la mer Noire.

Obs. Espèce très variable de forme et de dessins, facile à distinguer de la précédente à ses élytres dépourvus de denticule antéapical.

<h3 style="text-align:center">Sect. II. GRAPTODYTES Seidl.</h3>

H. lepidus Ol. [1792] *Ent.* III, gen. 40, 32, tab. 5, fig. 51; Régimb. in *Mém. Soc. ent. Belg.* IV [1895], fig. 2.

Eaux claires formant bassins. — *El-Fedja* (Dr Normand). *Teboursouk* (Dr Sicard).

Algérie. Îles Canaries, Europe moyenne et méridionale.

Obs. À cette espèce se rapportent très probablement les exemplaires provenant d'El-Fedja (Sedillot) et mentionnés, sous le nom de *formosus* Aubé, par Régimbart in *Mém. Soc. ent. Belg.* IV, 21.

H. optatus Seidl. [1887] in *Verh. nat. Ver. Brünn* XXV (*Best.-Tab. Dytisc.* 60 et 130); Régimb. in *Mém. Soc. ent. Belg.* IV [1895], 20, fig. 3.

Eaux claires des régions montagneuses. — *El-Fedja* (Sedillot), *Teboursouk* (Dr Sicard). *Dj. Meghila* (Vauloger).

Algérie.

H. Escheri Aubé [1839] var. **Leprieuri** Reiche [1864] in *Ann. Soc. ent. Fr.* [1864], 235; Régimb. in *Mém. Soc. ent. Belg.* IV [1895], 21, fig. 5.

Eaux vives. — *Fernana* (Dr Normand). *Dj. Regas* (J. Sahlberg in litt.).

Algérie. Espagne. Sicile.

Obs. La var. *Leprieuri* paraît spéciale aux États barbaresques.

H. Numidicus Bed. [1889] in *Ann. Soc. ent. Fr.* [1888], 286 (nom. nudum). — *dorso-plagiatus* ± Seidl. (nec Fairm.).

Eaux vives des massifs montagneux. — *El-Fedja* (Sedillot). *Ain-Draham* (Schædelin). *Fernana* (Dr Normand). *Dj. Ech-Cheid* près *Teboursouk* (Dr Sicard).

Algérie.

H. varius Aubé [1838] *Iconogr.* V, 334, tab. 38, fig. 4.

Var. β. læticulus Sharp [1882]; Régimb. in *Mém. Soc. ent. Belg.* IV [1895], 23.

Eaux vives. — *El-Fedja* (Sedillot), *Teboursouk* (D' Sicard), *Zaghouan* (J. Sahlberg in litt.).

Algérie, Europe méridionale.

Obs. Les individus tunisiens appartiennent généralement à la var. *læticulus* Sharp.

H. fractus Sharp [1882] in *Trans. R. Dublin Soc.* ser. 2, II (*On Dytisc.*), 454.

Eaux vives. — *El-Fedja* (Sedillot).

Algérie, Sardaigne. - Toscane (sec. Seidlitz)?

H. flavipes Ol. [1792] *Ent.* III, gen. 40, 38, tab. 5, fig. 5a.

Eaux stagnantes. — *Kroumirie* (Sedillot), vallée de la *Medjerda* (D' Normand), *Mateur* (J. Sahlberg), *Tunis* (Elena).

Algérie, Maroc, Europe, Asie Mineure.

Sect. III. *Hydroporus* s. str.

H. meridionalis Aubé [1838] *Iconogr.* V, 327, tab. 37, fig. 6.

Tunis (G. Doria), *Dj. Meghila* (Vauloger). *Degrach* près *Tozzer* (Sedillot), *Kebilli* (D' Normand).

Algérie, Europe méridionale.

H. limbatus Aubé [1838] *Iconogr.* V, 292, tab. 34, fig. 3.

Eaux saumâtres. *Tunis, Hammam-el-Lif* (J. Sahlberg), *Kairouan, Tozzer* (Sedillot).

Tripolitaine (Alluaud), Algérie, partie occidentale du bassin méditerranéen, littoral de l'Océan jusqu'en Bretagne.

H. analis Aubé [1838] *Iconogr.* V, 294, tab. 34, fig. 4. - (Var.) *decipiens* Sharp [1877] in *Ann. Soc. ent. Belg.* XX, 113.

Aïn-Draham (Alluaud) et frontière algérienne de la *Kroumirie* (Sedillot).

Bassin méditerranéen.

H. marginatus Duft. [1805] *Fauna Austr.* I, 269.

Flaques d'eau. — *Ras-el-Aïoun* (Sedillot).

Algérie, Maroc, Europe moyenne et méridionale.

Obs. Les exemplaires africains sont plus clairs que ceux d'Europe.

H. confusus Lucas [1846] in *Expl. Alg.* II, 96, tab. 11, fig. 4; Régimb. in *Mém. Soc. ent. Belg.* IV [1895], 26. — *Lucasi* Reiche [1869]. — (Var.) *nigriceps* Schaum [1864].

Eaux douces. — *El-Fedja* (D' Normand).

Tout le bassin méditerranéen.

H. planus Fabr. [1781] *Sp. Ins.* (App.), 501.

Eaux stagnantes. — *Ras-el-Aïoun*, *Tamerza* (Sedillot).

Algérie. Europe.

Obs. Il est à noter que cette espèce, si vulgaire dans toute l'Europe, semble confinée en Tunisie, comme en Algérie, dans la région désertique.

H. pubescens Gyll. [1808] *Ins. Svec.* I, 536; Régimb. in *Mém. Soc. ent. Belg.* IV [1895], 27.

Eaux douces. — *Kroumirie* (Sedillot), bassin de la *Medjerda* (Dr Normand), environs de *Tunis* (G. Doria).

Algérie, Maroc, îles Canaries, Europe, Syrie, Perse.

Obs. Les exemplaires des montagnes de Tunisie sont généralement de petite taille et ont les élytres noirs avec une petite tache rousse à l'épaule.

H. tessellatus Drap. [1819] in *Ann. Sc. phys.* (Bruxelles) II, 43, tab. 16, fig. 2. — *xanthopus* Steph. [1835]. *lituratus* ‡ Aubé (nec Fabr.).

Eaux stagnantes. — *Aïn-Draham* (Sedillot), *Teboursouk* (Dr Normand), *Tunis* (G. Doria), *Dj. Reças* (J. Sahlberg).

Algérie, Europe méridionale et moyenne.

H. memnonius Nicol. [1822] var. incertus Aubé [1838] *Iconogr.* V, 306, tab. 35, fig. 5.

Mares et fossés. — *Tunis* (Vauloger).

Algérie orientale, France méridionale, Corse, Sardaigne, etc.

Obs. En Afrique la var. *incertus* remplace le type de l'espèce, répandu jusque dans le Nord de l'Europe.

H. obsoletus Aubé [1838] *Iconogr.* V, 298, tab. 35, fig. 1.

Eaux vives. — *El-Fedja*, *Aïn-Draham* (Sedillot).

Algérie. Maroc. Péninsule Ibérique, Provence. Corse, Sardaigne.

Gen. **CŒLAMBUS** Thoms. [1860].

C. Lernæus Schaum [1857] in *Berlin. ent. Zeitschr.* I, 153.

Eaux stagnantes saumâtres. — Environs de *Tunis* (Elena).

Algérie. Maroc. Andalousie; Grèce. Syrie. Égypte.

Obs. Espèce infiniment voisine du *C. parallelogrammus* Ahr. mais à sexes homéomorphes. — Il existe, dans le Midi de la France et en Espagne, une forme très semblable et qui paraît établir le passage entre le *C. Lernæus* et le *C. parallelogrammus* typique.

C. pallidulus Aubé [1850] in *Ann. Soc. ent. Fr.* [1850], 300.

Eaux stagnantes. — *Kamart* près *Tunis* (Elena). *Teboursouk* (Dr Sicard).

Tripolitaine. Algérie. Maroc. Andalousie, île de Ré, Sicile. Caucase.

C. confluens Fabr. [1787] *Mant. Ins.* I, 193.

Mares claires, eaux pluviales. — Presque toute la Tunisie, de *Tunis* à *Zarzis*.

Tripolitaine, Algérie, Maroc, îles Canaries, Madère et Açores, Europe, Syrie, Égypte.

Gen. **HEROPHYDRUS** Sharp [1882].

H. musicus Klug [1838] *Symb. phys.* IV, tab. 33, fig. 12; Régimb. in *Mém. Soc. ent. Belg.* IV [1895], 43.

Tunisie (Quedenfeldt sec. Schilsky).

Obs. Cette indication est donnée par Schilsky (*Deutsche ent. Zeitschr.* [1894]. 176) dans une liste de *Dyticidæ* qui fourmille d'erreurs : cependant comme le *musicus* est une espèce à très grand habitat et qu'il se trouve à la fois en Algérie et à Tripoli, son existence en Tunisie n'est pas inadmissible [1].

Gen. **HYPHYDRUS** Illiger [1802].

H. variegatus Aubé [1839] *Iconogr.* V, 372, tab. 42, fig. 4. — *Aubei* Ganglb. [1892].

Mares herbeuses. — *Kairouan* (Sedillot), *Dj. Meghila* (Vauloger).

Tripolitaine (Alluaud). Algérie, Maroc, Europe méridionale.

Gen. **YOLA** Des Gozis [1886].

Y. bicarinata Latr. [1804] *Hist. nat. Crust. et Ins.* VIII, 179. — *costata* Gyll. [1808].

Eaux douces ou saumâtres, surtout dans les mares claires. — *Fernana* (Dr Normand), *Mateur*, *Zaghouan*, *Dj. Reças* (J. Sahlberg), *Teboursouk* (Dr Sicard), *Ras-el-Aïoun* (Sedillot), *Gafsa* (Alluaud), *Dj. Eddedj* (V. Mayet), *Gabès* (Noualhier).

Algérie, Maroc, Europe méridionale et moyenne.

Obs. Les individus tunisiens provenant des régions désertiques sont de coloration plus foncée que le type et se rapprochent généralement de la var. *obscurior* Desbr.

Gen. **BIDESSUS** Sharp [1882].

B. Sedilloti Régimb. [1895] in *Mém. Soc. ent. Belg.* IV, 78.

Région des Chott. — *Tozzer* (Sedillot) avril 1887, dans un canal d'irrigation.

Obs. Cette espèce n'est connue que de Tunisie ; elle est très voisine du *B. Sharpi* Régimb., d'Addah (côte d'Or).

---

[1] Il est à noter qu'on n'a jamais rencontré en Tunisie une autre espèce du même genre, *H. Guineensis* Aubé, qui existe cependant à La Calle. à Tripoli. sur divers points de l'Afrique tropicale et même en Corse.

B. Goudoti Lap.-Cast. [1834] *Études ent.* 105.

Eaux stagnantes. — *El-Fedja* (Sedillot), *Fernana* (Dr Normand).

Algérie, Maroc, Europe méridionale et occidentale.

B. saucius Desbr. [1871] var. **coxalis** Sharp [1882] in *Trans. R. Dublin Soc.* ser. 2 , II (*On Dytisc.*), 351.

Eaux claires à fond de gravier. — *El-Fedja* (Sedillot).

Algérie, Maroc. Europe méridionale, Asie Mineure.

B. minutissimus Germ. [1824] *Ins. Sp. nov.* 31.

Eaux claires à fond de gravier. — *Ghardimaou, Fernana* (Dr Normand), *Te-boursouk* (Dr Sicard), *Dj. Reças* (J. Sahlberg in litt.).

Alger (Clark), îles Canaries (sec. Wollaston), Europe méridionale et moyenne.

B. thermalis Germ. [1838] var. **signatellus** Klug [1838] *Symb. phys.* IV, tab. 34, fig. 3.

Eaux claires de la région désertique. — *Oued Seldja, Gabès* (Alluaud), *Kebilli* (Dr Normand).

Algérie méridionale: île Majorque (Moragues): Sicile, Lenkoran, Bengale, Arabie, Égypte: Sénégal : Dakar.

B. angularis Klug [1838] *Symb. phys.* IV, tab. 34, fig. 1; Régimb. in *Mém. Soc. ent. Belg.* IV [1895], 86, fig. 30.

Région désertique, dans les oued et les flaques d'eau pluviale. — *Foum El-Guelta* (Vanloger). *Ras-el-Aïoun* (Sedillot). *Gafsa* (Alluaud). *Bou-Hedma* (Se-dillot), *Khanguet Oum-Ali* (V. Mayet).

Algérie méridionale, Égypte. Nubie, Haut-Sénégal.

B. geminus Fabr. 1792| *Ent. Syst.* I, part. 1, 199.

Eaux claires à fond de gravier. — Toute la Tunisie.

Algérie, Maroc. Europe et tout le bassin méditerranéen; Yunnan: Afrique australe (var. *Capensis* Régimb.).

Gen. **HYDROVATUS** Motsch. [1855].

H. cuspidatus Kunze [1818] *Ent. Fragm.* 61.

Mares et eaux pluviales. — *Dj. Reças* (J. Sahlberg). *Aïn Cherichira* à l'Ouest de *Kairouan* (Sedillot).

Tripolitaine (Alluaud). Algérie. Europe.

H. clypealis Sharp [1876] in *Petites Nouv. ent.* II, 61.

Mares et eaux pluviales. — *Aïn-Cherichira* à l'Ouest de *Kairouan* (Sedillot).

Algérie, Europe occidentale et méridionale [1].

TRIB. II. **NOTERINI** [2].

GEN. **NOTERUS** Clairv. [1806].

N. lævis Sturm [1834] *Ins.* VIII, 135, tab. 199.

Eaux stagnantes. — Vallée de la *Medjerda* (Dr Normand) et région désertique, de *Kairouan* (Sedillot) à *Gabès* (V. Mayet), etc.

Algérie, Maroc, Europe méridionale.

TRIB. III. **LACCOPHILINI.**

GEN. **LACCOPHILUS** Leach [1815].

L. obscurus Panz. [1796] *Fauna Germ.* fasc. xxvi, 3. — *hyalinus* ‡ Er.

Eaux stagnantes. — Tunisie (Sedillot).

Algérie, Europe, Syrie.

L. hyalinus De Geer [1774] sec. Thoms. (*interruptus* Panz.) var. testaceus Aubé [1838] *Iconogr.* V, 214, tab. 25, fig. 3.

Eaux courantes et mares alimentées. — Tunisie, jusqu'à *Gabès* (Noualhier).

Algérie, Maroc; îles Canaries (var. *inflatus* Woll.), Europe, Syrie.

OBS. La variété méridionale *testaceus* est la seule forme de l'espèce qui se trouve en Barbarie.

TRIB. IV. **DYTICINI.**

GEN. **AGABUS** Leach [1817].

Sect. I. *GAURODYTES* Thoms.

A. dilatatus Brullé [1832] in *Expéd. Morée* III, 127, tab. 34, fig. 11.

Ruisseaux des montagnes. — *El-Fedja* (Sedillot).

Algérie, Sicile, Grèce, Asie Mineure, Syrie.

[1] Ici viendrait se placer le genre *Methles* Sharp, dont une espèce, *M. cribratellus* Fairm. (*punctipennis* Sharp), se trouve en Algérie, en Tripolitaine, dans toute l'Afrique tropicale et à Madagascar.

[2] En tête de cette tribu viendrait se ranger le genre *Canthydrus* Sharp, dont une espèce, *C. notula* Er., se trouve en Algérie, au Maroc, en Sicile, etc.

A. biguttatus Ol. [1792] *Ent.* III, gen. 40, 26, tab. 4, fig. 36. — *consanguineus* Woll. [1864].

Mares et ruisseaux. — *Kroumirie* (Sedillot), *Tunis*, *Teboursouk* (D*r* Normand), *Kessera* (Sedillot).

Algérie, Europe, Orient, îles Canaries.

A. bipustulatus L. [1767] *Syst. Nat.* ed. 12, I, part. 11, 667.

Eaux stagnantes et courantes. — Toute la Tunisie, au moins jusqu'aux Chott.

Tripolitaine (Alluaud), Algérie, Maroc, Europe, Syrie, Perse.

A. politus Reiche [1862] in *Ann. Soc. ent. Fr.* [1861], 369.

Massifs montagneux, dans les ruissseaux frais. — *Kroumirie : Aïn-Draham, El-Fedja* (Sedillot).

Algérie.

A. didymus Ol. [1792] *Ent.* III, gen. 40, 26, tab. 4, fig. 37.

Mares et eaux courantes. — Tunisie septentrionale : *Tunis* (G. Doria), *Kroumirie*, *Oued Tessa* (Sedillot), etc.

Algérie, Maroc, Europe, Liban.

A. brunneus Fabr. [1798] *Suppl. Ent. Syst.* 64. — (Var.) *rufulus* Fairm. [1858].

Dans les ruisseaux et les petits oued. — Toute la Tunisie, jusqu'au *Chott El-Djerid*.

Tripolitaine (Alluaud), Algérie, Maroc, îles Canaries, Europe méridionale et moyenne.

Sect. II. *XANTHODYTES* Seidl.

A. nebulosus Forster [1771] *Nov. Sp. Ins.* 59. - *bipunctatus* Fabr. [1787].

Eaux stagnantes. — Tunisie septentrionale, jusqu'à *Kairouan* (Sedillot).

Algérie, Maroc, îles Canaries, Europe, Syrie.

A. conspersus Marsh. [1802] *Ent. Brit.* 427.

Surtout dans les eaux saumâtres. — Tunisie méridionale : *Nefta, Tozzer, Degach* (Sedillot), *Gabès* (V. Mayet).

Tripolitaine (Alluaud), Algérie, Maroc, îles Canaries, Europe, Orient.

Gen. **COPELATUS** Er. [1832].

Sect. *LIOPTERUS* Steph.

C. atriceps Sharp [1882] in *Trans. R. Dublin Soc.* ser. 2, II (*On Dytisc.*), 569; Régimb. in *Mém. Soc. ent. Belg.* IV [1895], 157.

Marécages. — Environs de *Tunis* (G. Doria).

Algérie, Maroc, Sardaigne, Corse.

Gen. **RHANTUS** Lacord. [1835].

R. punctatus Geoffr. [1785] ap. Fourcr. *Ent. Paris.* 70. — *pulverosus* Steph. [1829].

Marécages. — *Kairouan* (Abdoul-Kerim).

Algérie, Europe, Asie, Océanie, Basse-Égypte.

Gen. **COLYMBETES** Clairv. [1806].
(*Cymatopterus* Lacord.).

C. fuscus L. [1758] *Syst. Nat.* ed. 10, I, 411.

Eaux stagnantes. — Environs de *Tunis* (Elena); *Tozzer* (V. Mayet), *Degach* (Sedillot), *Kebilli* (Dr Normand), *Gabès* (V. Mayet).

Algérie, Maroc, Europe, Orient: Basse-Égypte (Hénon).

Obs. Il est à noter que cette espèce, si répandue dans toute l'Europe, ne se trouve guère, en Tunisie, que dans la région désertique.

Gen. **MELADEMA** Lap.-Cast. [1834].

M. coriacea Lap.-Cast. [1834] *Études ent.* 98.

Ruisseaux et eaux claires. — *El-Fedja* (Sedillot).

Algérie, îles Canaries, Péninsule Ibérique, France méridionale, Sardaigne, Sicile.

Gen. **DYTICUS** L. [1758][1].

Sect. *Macrodytes* Thoms.

D. circumflexus Fabr. [1801] *Syst. El.* I, 258.

Eaux stagnantes. — *El-Fedja* (Dr Normand), environs de *Tunis* (Elena), *Dj. Reças* (J. Sahlberg), *Aïn Cherichira* à l'Ouest de *Kairouan* (Sedillot), *Tozzer*, *Oudref* (V. Mayet).

Tripolitaine (Alluaud), Algérie, Maroc, Europe, Syrie.

D. punctulatus Fabr. [1777] *Gen. Ins.* 238.

Territoire des *Ouchteta* (sec. Letourneux): l'unique individu signalé de cette région fait partie de la collection Sedillot.

Espagne, Piémont, Europe moyenne.

---

[1] Ici devrait s'intercaler le genre *Hydaticus* Leach, dont une espèce, *H. Leander* Rossi, se trouve en Algérie jusqu'à La Calle, au Maroc, en Égypte, etc.

Gen. **ERETES** Lap.-Cast. [1833].
(*Eunectes* || Er.).

E. stictieus L. [1767] *Syst. Nat.* ed. 12, I, part. 11, 666.

Marais chauds. — Environs de *Tunis* (G. Doria), *Kairouan* (Sedillot), *Sousse* (Letourneux), *Gilma*, *Gafsa* (Vauloger), *Chott El-Fedjedj*, *Oudref* (V. Mayet).

Algérie, Maroc, îles Canaries et Madère, Europe méridionale, régions chaudes d'Afrique, d'Asie et d'Océanie.

Gen. **CYBISTER** Curt. [1827].

C. laterali-marginalis De Geer [1774] *Mém.* IV, 396. — *Rœseli* Fuesslin [1775]. — *virens* Müll. [1775].

Marécages. — Environs de *Tunis* (Elena).

Algérie, Maroc, Europe moyenne et méridionale, Syrie.

C. tripunctatus Ol. [1795] var. **Africanus** Lap.-Cast. [1834] *Études ent.* 99.

Marécages. —Environs de *Tunis* (G. Doria), *La Goulette* (Sedillot): *Bou-Hedma*, *Oudref*, *Gabès* (V. Mayet), *Kebilli* (Dr Normand).

Tripolitaine (Alluaud). Algérie, Maroc, Espagne, Sardaigne, Sicile, toute l'Afrique. — Le type de l'espèce est répandu dans toute l'Asie méridionale, en Océanie et à Madagascar.

FAM. VII. **GYRINIDÆ.**

Gen. **AULONOGYRUS** Régimb. [1883].

A. striatus Ol. [1791] in *Encycl. méth.* VI, 701.

Dans les oued. — *Teboursouk* (Dr Sicard); *Gabès* (V. Mayet).

Algérie, Maroc, îles Canaries, Europe méridionale, Chypre.

Gen. **GYRINUS** Müll. [1764].

G. urinator Ill. [1807] *Magaz.* VI, 209.

Eaux vives. — *Kamart* près *Tunis* (Elena). *Fernana*, *Teboursouk* (Dr Normand). *Kairouan*, *Ellez* (Sedillot).

Tripolitaine, Algérie, Maroc, Grande-Canarie. Europe moyenne et méridionale.

G. natator L. [1758] *Syst. Nat.* ed. 10, I, 412.

Eaux vives. — *El-Fedja* (Sedillot). *Teboursouk* (Dr Sicard).

Algérie (sec. Régimbart in litt.). Europe.

G. Dejeani Brullé [1832] in *Expéd. Morée* III, 198, tab. 34, fig. 10.

Kroumirie (Sedillot), environs de *Tunis* (Elena), *Teboursouk* (Dr Sicard), *Ellez, Kairouan* (Sedillot), *Kebilli* (Dr Normand).

Algérie, Maroc, îles Canaries. Europe méridionale.

STAPHYLINOIDEA[1]

FAM. I. **MICROPEPLIDÆ.**

GEN. **MICROPEPLUS** Latr. [1809].

M. porcatus Payk. [1789] *Mon. Staphyl.* 71.

Détritus végétaux. — *El-Fedja* (Dr Normand), *Tunis, Teboursouk* (Dr Sicard).

Algérie, Maroc, Europe, Syrie.

M. fulvus Er. [1840] *Gen. Spec. Staphyl.* 912.

Détritus végétaux. — *Tunis* (G. Doria), *Teboursouk* (Dr Normand).

Algérie, Europe, Syrie, Caucase, Japon.

M. staphylinoïdes Marsh. [1802] *Ent. Brit.* 137.

Détritus végétaux. — *Kroumirie,* frontière algérienne (Sedillot); *Bulla-Regia, Souk-el-Arba, Teboursouk* (Dr Normand).

Algérie, Europe.

M. tesserula Curt. [1828] *Brit. Ent.* V, 204.

Marais de *Gilma,* parmi les Joncs (Vauloger).

Algérie, Europe, Caucase, Sibérie, Amérique du Nord.

FAM. II. **STAPHYLINIDÆ.**

TRIB. I. **PHLŒOCHARINI.**

GEN. **PHLŒOCHARIS** Mannh. [1831].

P. conurella Fauv. [1886] in *Rev. d'Ent.* V, 11.

Région désertique. — *Aïn Segoufta* au Nord d'*El-Aïcïcha* (V. Mayet).

Sahara algérien.

---

[1] Les deux familles suivantes ont été complètement revues par M. Albert Fauvel, qui a bien voulu compléter le texte en ce qui concerne la distribution géographique des espèces et qui m'a communiqué jour par jour les renseignements nouveaux et très importants qui lui sont parvenus depuis la publication de son dernier *Catalogue des Staphylinides de Barbarie* (1897-1898).

P. acutangula Fauv. [1898] in *Rev. d'Ent.* XVII, 93.

Teboursouk (D' Sicard).

Espèce connue seulement de Tunisie et dont le *type* fait partie de la collection Fauvel.

GEN. **PSEUDOPSIS** Newm. [1834].

P. sulcata Newm. [1834] in *Ent. Mag.* II, 314.

Sous les feuilles mortes humides et parmi les mousses des sources ferrugineuses. — *El-Fedja*, *Aïn-Draham* (Sedillot), *Fernana*, *Teboursouk* (D' Normand).

Algérie, Maroc. Europe occidentale et méridionale, Caucase, Amérique septentrionale, Venezuela.

TRIB. II. **PROTININI.**

GEN. **METOPSIA** Woll. [1854].

M. clypeata Müll. [1821] ap. Germ. *Magaz.* IV, 204.

Régions montueuses et boisées, parmi les mousses. — *El-Fedja*, *Bulla-Regia* (D' Normand).

Algérie, Europe, Haute-Syrie.

GEN. **MEGARTHRUS** Steph. [1833].
(*Phlœobium* Lacord.).

M. affinis Mill. [1852] in *Verh. zool. bot. Ver. Wien* [1852], 28.

Détritus végétaux. — *Souk-el-Arba* (D' Normand), *Teboursouk* (D' Sicard). *Tunis* (G. Doria). *Sousse* (Sedillot). *Dj. Meghila* (Vauloger).

Algérie. Europe. Syrie. Asie Mineure, Caucase, Sibérie occidentale et centrale.

GEN. **PROTINUS** Latr. [1796].

P. ovalis Steph. [1834] *Ill. Brit.* V, 335.

Parmi les détritus végétaux ou sous les écorces. — *Aïn-Draham*, *Souk-el-Arba*, *Teboursouk* (D' Normand); *Gabès* (D' Sicard)?

Algérie. Europe.

P. brachypterus Fabr. [1792] *Ent. Syst.* I, part. 1, 235.

Sous les écorces humides. — *El-Fedja*, *Aïn-Draham*, *Camp-de-la-Santé* (D' Normand). *Mateur* (J. Sahlberg).

Algérie. Maroc. Europe. Caucase. Asie Mineure. Sibérie occidentale. Amérique boréale.

P. atomarius Er. [1840] *Gen. Spec. Staphyl.* 904. — *Olivieri* Saulcy [1866].

Détritus végétaux. — *Aïn-Draham* (Pic). *El-Fedja, Souk-el-Arba, Teboursouk* (Dʳ Normand).

Algérie, Maroc, Europe, Asie Mineure, Caucase, Amérique septentrionale.

Gen. **ANTHOBIUM** Steph. [1833].

A. metasternale Fauv. [1898] in *Rev. d'Ent.* XVII, 94. — *torquatum* ‡ Woll. (nec Marsh.).

Sur les buissons en fleur. — *Aïn-Draham* (Alluaud), *El-Fedja, Teboursouk* (Dʳ Normand).

Algérie, Madère.

A. brachiale Fauv. [1878] in *Bull. Soc. linn. Norm.* sér. 3, II (sep. 7).

Sur les buissons en fleur, notamment les Genêts. — *El-Fedja, Camp-de-la-Santé* (Dʳ Normand).

Algérie.

A. luteicorne Er. [1840] *Gen. Spec. Staphyl.* 897. — *maculicolle* Fairm. [1860]. — *cincticolle* Chevr. [1860].

Sur les buissons. — *El-Fedja* (Vauloger), *Fernana, Souk-el-Arba* (Dʳ Normand), *Teboursouk* (Dʳ Sicard), *Sidi-Tabet* (Vauloger), *Tunis* (G. Doria), *Hammam-el-Lif* (J. Sahlberg); *Gabès* (Dʳ Sicard)?

Algérie, Espagne, Portugal, Sicile.

Gen. **HOMALIUM** Grav. [1802].
(*Omalium* Grav.).

Sect. I. *Acrolocha* Thoms.

H. sulculum Steph. [1834] *Ill. Brit.* V, 336.

Tunis, Souk-el-Arba (Dʳ Normand).

Algérie, Europe, Caucase.

Sect. II. *Phyllodrepa* Thoms.

H. rufulum Er. [1840] *Gen. Spec. Staphyl.* 883.

Tunis (G. Doria).

Algérie, Europe méridionale.

H. vile Er. [1840] *Gen. Spec. Staphyl.* 882.

Sous les écorces. — *El-Fedja* (Sedillot), *Fernana, Aïn-Draham, Ghardimaou* (Dʳ Normand).

Algérie, Europe, Caucase.

Sect. III. *Homalium* s. str.

H. oxyacanthæ Grav. [1802] *Mon.* 210.

Teboursouk (D' Normand); *Gafsa* (Vauloger).

Algérie, Europe, Sibérie centrale.

H. cæsum Grav. [1802] *Mon.* 209.

Sur les buissons en fleur. — *Ghardimaou*, *El-Fedja* (D' Normand), *Teboursouk* (D' Sicard).

Algérie, Europe, Syrie, Asie Mineure, Caucase, Turkestan, île d'Askold.

H. Allardi Fairm. [1859] in *Ann. Soc. ent. Fr.* [1859], 44. — *genistarum* Coq. [1860].

Sur les buissons en fleur et aussi sous les cadavres. — *El-Fedja, Souk-el-Arba, Teboursouk* (D' Normand), *Tunis* (G. Doria); *Gabès* (D' Sicard)?

Algérie, Maroc, Europe.

H. riparium Thoms. [1856] in *Öfv. Vet. Akad. Förh.* [1856], 224.

Bords de la mer. — *Porto-Farina* (Vauloger), *Tunis* (V. Mayet), *Hammam-el-Lif* (J. Sahlberg).

Algérie et Europe littorales.

Gen. **PHILORINUM** Kr. [1857].

P. sordidum Steph. [1834) *Ill. Brit.* V, 349. — *ruficolle* Schauf. [1861].

Sur les fleurs de Génistées. — *Hammam-el-Lif* (J. Sahlberg), *El-Fedja, Teboursouk* (D' Normand), *Dj. Meghila* (Vauloger).

Algérie, îles Madère et Canaries, Europe, Syrie.

P. pallidicorne Fairm. [1860] in *Ann. Soc. ent. Fr.* [1860], 629.

El-Fedja (D' Normand).

Obs. Cette espèce n'était connue que de Corse.

Gen. **LESTEVA** Latr. [1796].

L. fontinalis Kiesw. [1850] in *Ent. Zeitg* (Stettin) XI, 222.

Mousses des chutes d'eau. — *Aïn-Draham* (Alluaud), *Dj. Meghila* (Vauloger).

Algérie, Maroc, Europe méridionale.

L. Sicula Er. [1840] *Gen. Spec. Staphyl.* 857.

Mousses des chutes d'eau. — *El-Fedja* (Dr Normand), *Aïn-Draham* (sec. Pic).

Algérie, Sicile.

Oʙs. Cette espèce a été trouvée également à La Verdure (Bonnaire), dans la partie algérienne de la vallée de la Medjerda.

TRIB. III. **OXYTELINI.**

Gᴇɴ. **PLANEUSTOMUS** J. Duv. [1857].

P. miles Scriba [1868] in *Berlin. ent. Zeitschr.* XII, 158.

Au vol, de grand matin, en été. — Marais de *Bulla-Regia* près *Souk-el-Arba* (Dr Normand), *Teboursouk* (Dr Sicard), *Tunis* (Dr Normand).

Algérie, Sicile, Toscane.

P. Africanus Fairm. [1860] in *Ann. Soc. ent. Fr.* [1860], 338.

Bords sablonneux des ruisseaux, enterré. — *Souk-el-Arba* (Dr Normand), *Teboursouk* (Dr Sicard), *Bizerte* (Vauloger).

Algérie.

P. curtipennis Fauv. [1869] in *Mém. Soc. linn. Norm.* XV, 43. — *Weberi* Qued. [1882].

Sous les pierres immergées. — Marais de *Mabtouha* (Vauloger), *Teboursouk* (Dr Normand).

Algérie, Maroc, Espagne, Sardaigne.

P. elegantulus Kr. [1857] *Naturg. Ins. Deutschl.* II, 896. — *filiformis* Qued. [1882]. — *Rosti* Reitt. [1884].

Aïn-Draham (Sedillot), *Bulla-Regia* (Dr Normand), *Mateur* (J. Sahlberg).

Algérie, Maroc, Andalousie, îles Ioniennes, Crète.

Oʙs. Il est probable qu'on trouvera dans la partie tunisienne du bassin de la Medjerda le *P. Bonnairei* Fauv. [1898] in *Rev. d'Ent.* XVII, 94, dont on ne connaît encore qu'un seul individu pris, non loin de la frontière, à la station de La Verdure.

Gᴇɴ. **THINOBIUS** Kiesw. [1844].

T. linearis Kr. [1857] *Naturg. Ins. Deutschl.* II, 883.

Tunis (G. Doria); inondations de la *Medjerda* à *Souk-el-Arba* (Dr Normand).

Algérie, Europe, Caucase.

T. gilvus Fauv. [1899] in *Rev. d'Ent.* XVIII, 71.

Fernana (D' Normand), *Mateur* (J. Sahlberg), *Teboursouk* (D' Sicard), *Oued Seldja* [et non *«Fedja»* comme l'a inscrit Fauvel], *Gafsa*, *Gabès* (Alluaud).

Maroc (Quedenfeldt), Corfou, Basse-Égypte (J. Sahlberg).

Obs. C'est l'espèce citée de Teboursouk sous le nom de *«T. atomus»* in *Rev. d'Ent.* XVI, 250.

Gen. **ANCYROPHORUS** Kr. [1857].

A. angustatus Er. [1840] *Gen. Spec. Staphyl.* 803.

Inondations de la *Medjerda* à *Souk-el-Arba* (D' Normand), *Tunis* (G. Doria).

Algérie, Maroc, Europe méridionale.

A. homaliinus Er. [1840] *Gen. Spec. Staphyl.* 802.

El-Fedja (Sedillot). inondations de la *Medjerda* à *Souk-el-Arba* (D' Normand).

Algérie. Maroc, Europe, Caucase.

Gen. **TROGOPHLŒUS** Mannh. [1831].

Sect. I. *THINODROMUS* Kr.

T. hirticollis Rey [1879] *Brévip.* (*Oxypor.*), 249 et 252.

Inondations de la *Medjerda* à *Souk-el-Arba* (D' Normand).

Algérie, Maroc, France centrale et méridionale, Autriche, Franconie, Caucase.

T. Mannerheimi Kol. [1846] *Melet. ent.* fasc. III, 26, tab. 12, fig. 2. — *plagiatus* Weise [1850].

Inondations de la *Medjerda* à *Souk-el-Arba* (D' Normand); *Oued El-Hateub* à l'E de *Tala* (Vauloger).

Algérie, Maroc, Espagne, Sicile, France moyenne et méridionale, Caucase, Turkestan.

Sect. II. *CARPALINUS* Thoms.

T. armicollis Fauv. [1898] in *Rev. d'Ent.* XVII, 95.

Montagnes boisées, au bord des ruisseaux fangeux, entre la vase et les mousses ou sous les pierres. — *El-Fedja* (Sedillot. D' Normand).

Algérie.

T. arcuatus Steph. [1834] *Ill. Brit.* V, 324.

Teboursouk (D' Sicard).

Algérie, Europe, Caucase, Asie Mineure.

Sect. III. *Trogophloeus* s. str.

T. bilineatus Steph. [1834] *Ill. Brit.* V, 324, tab. 27, fig. 4. — *riparius* Lacord. [1835].

Largement répandu en Tunisie.

Tripolitaine, Algérie, Maroc, îles Canaries, Madère et Açores, région paléarctique, colonie du Cap, Australie, Amérique septentrionale, Chili.

T. rivularis Motsch. [1860] in *Bull. Soc. Nat. Mosc.* [1860], part. ii, 552. — *Erichsoni* Sharp [1871].

Zaghouan (J. Sahlberg), *Teboursouk* (Dr Sicard), *Gafsa* (Dr Chobaut).

Algérie, Maroc, Europe, Caucase, Turkestan, Sibérie.

T. nigrita Woll. [1857] *Cat. Col. Mader.* 202. — *insularis* Kr. [1858].

Bords des eaux. — *Mateur* (J. Sahlberg), *Souk-el-Arba, Bulla-Regia, Teboursouk* (Dr Normand), *Oued El-Hateub* à l'E de *Tala* (Vauloger), *Kairouan* (Alluaud), *Gabès* (Dr Sicard).

Algérie, Maroc, îles Porto-Santo, Canaries et du Cap Vert. Mashunaland, Europe australe, Caucase; Birmanie, Tonkin, Philippines, Bornéo, Sumatra, Java; La Réunion, Madagascar.

T. memnonius Er. [1840] *Gen. Spec. Staphyl.* 806.

Souk-el-Arba, Teboursouk, Bulla-Regia, Ghardimaou (Dr Normand), *Tunis* (Lethierry), *Zaghouan* (J. Sahlberg), *Sousse* (Alluaud), *Gabès* (Dr Sicard).

Algérie, Maroc, Europe moyenne et méridionale; Turkestan; Japon, Tonkin, Bornéo, Java; Amérique septentrionale et centrale.

T. politus Kiesw. [1850] in *Ent. Zeitg* (Stettin) XI, 221.

Bords des eaux. — *Ghardimaou, Fernana, Souk-el-Arba* (Dr Normand), *Teboursouk* (Dr Sicard).

Algérie, Europe moyenne et méridionale, Caucase, Turkestan.

T. Niloticus Er. [1840] *Gen. Spec. Staphyl.* 808.

Oasis d'*El-Guettar* (Vauloger).

Sahara algérien, Égypte.

T. corticinus Grav. [1806] *Mon.* 192.

Toute la Tunisie, jusqu'à *Gabès* (Alluaud).

Algérie, Maroc, îles Canaries, Madère, Açores et Sainte-Hélène, région paléarctique, Amérique du Nord.

T. foveolatus Sahlb. [1832] *Diss. Ins. Fenn.* I, 419.

Bords des eaux, enterré dans le sable. — *Souk-el-Arba* (Dr Normand), *Oued El-Hateub* à l'E de *Tala* (Vauloger).

Algérie, Europe, Caspienne.

T. troglodytes Er. [1840] *Gen. Spec. Staphyl.* 810. — (Var.) *ruficollis* Woll. [1864].

Bords des eaux; le soir, au vol, attiré par les lumières. — *Tunis* (G. Doria); *Gafsa* (Vauloger), *Gabès* (Dr Sicard), *Kebilli* (Dr Normand).

Algérie, Maroc, îles Canaries, Europe méditerranéenne, région Transcaspienne.

T. punctipennis Kiesw. [1850] in *Ent. Zeitg* (Stettin) XI, 221.

Dans la vase, au pied des Joncs. — *Souk-el-Arba*, marais de *Bulla-Regia* (Dr Normand), marais de *Gilma* (Vauloger).

Espagne, Languedoc, Provence, Italie.

T. exiguus Er. [1840] *Käf. Mark Brandbg* 604. — *bledioïdes* Woll. [1864].

Souk-el-Arba, *Tunis* (Dr Normand), *Mateur* (J. Sahlberg), *Teboursouk* (Dr Sicard); *Gabès* (Alluaud), *Kebilli* (Dr Normand).

Tripolitaine, Algérie, Maroc, îles Canaries et du Cap Vert, Afrique tropicale, région paléarctique, Japon, Inde, Malaisie, Australie, Nouvelle-Calédonie.

T. halophilus Kiesw. [1844] in *Ent. Zeitg* (Stettin) V, 373. — (Var.) *simplicicollis* Woll. [1857].

Terrains salés. — Oasis d'*El-Guettar* (Vauloger), *Gabès* (Dr Sicard). — Île de *Pantelleria* (Dr Gestro).

Sahara algérien, île de Porto-Santo, Europe littorale, région Transcaspienne.

T. alutaceus Fauv. [1898] in *Rev. d'Ent.* XVII, 95.

Terrains salés du littoral. — *Tunis* (Dr Normand).

Andalousie, Languedoc, Sardaigne, Corfou.

T. pusillus Grav. [1802] *Micr.* 78. — *exilis* Woll. [1860].

Bulla-Regia, *Souk-el-Arba*, *Teboursouk* (Dr Normand), *Sousse* (Noualhier), *Gafsa* (Dr Chobaut).

Tripolitaine (Alluaud), Algérie, Maroc, îles Canaries et Madère, région paléarctique, Amérique septentrionale.

Ons. Le *T. pusillus* primitivement cité de Tunis (G. Doria) se rapporte au *T. gracilis* Mannh.

T. gracilis Mannh. [1831] in *Mém. prés. à l'Acad. Sc. St-Pétersb.* I (*Brach.* 51).

Inondations de la *Medjerda* à *Souk-el-Arba* (Dr Normand), *Tunis* (G. Doria). *Oued El-Hateub* à l'E de *Tala* (Vauloger).

Algérie, Maroc, région paléarctique, Amérique septentrionale.

Gen. **HAPLODERUS** Steph. [1833].

H. cælatus Grav. [1802] *Micr.* 103.

Mateur (J. Sahlberg), *Fernana*, *Bulla-Regia*, *Souk-el-Arba* (Dr Normand), *Teboursouk* (Dr Sicard).

Algérie, Europe, Sibérie occidentale et centrale.

Gen. **OXYTELUS** Grav. [1802].

O. piceus L. [1767] *Syst. Nat.* ed. 12, I, part. II, 686.

Toute la Tunisie.

Algérie, Maroc, îles Madère et Canaries, région paléarctique, Angola, Natal, Madagascar.

O. sculptus Grav. [1806] *Mon.* 191.

Toute la Tunisie.

Tripolitaine, Algérie, Maroc, îles Canaries, Madère et Açores, Europe, etc. — Cosmopolite.

O. Perrisi Fauv. [1861] in *Bull. Soc. linn. Norm.* VI, 42.

Bords de la mer. — *Tunis* (V. Mayet).

Littoral de l'Europe occidentale.

O. inustus Grav. [1806] *Mon.* 188.

Toute la Tunisie.

Tripolitaine, Algérie, Maroc, Europe, Caucase, Perse, Asie Mineure, Syrie.

O. flavipennis Epp. [1889] in *Berlin. ent. Zeitschr.* XXXIII, 313.

Monastir (Quedenfeldt sec. Eppelsheim).

Tripolitaine.

O. plagiatus Rosh. [1856] *Thiere Andal.* 81.

Toute la Tunisie.

Tripolitaine, Algérie, Maroc, Espagne, Portugal, Sicile.

O. sculpturatus Grav. [1806] *Mon.* 187.

Toute la Tunisie.

Tripolitaine, Algérie, Maroc, Europe, Caucase, Perse, Turkestan, Syrie.

O. nitidulus Grav. |1802| *Micr.* 107.

Toute la Tunisie.

Tripolitaine, Algérie, Maroc. îles Canaries, Madère et Açores, région paléarctique, Himalaya; Amérique septentrionale.

O. intricatus Er. [1840] *Gen. Spec. Staphyl.* 794.

Aïn-Draham, *Fernana*, *Souk-el-Arba*, *Tunis* (D' Normand), *Teboursouk* (D' Sicard); *Sfax* (D' Chobaut), *Sidi-el-Hani*, *Gafsa*, *Tozzer* (Sedillot) et probablement toute la Tunisie.

Tripolitaine (Alluaud), Algérie. Maroc, Europe méridionale. Caucase, Perse.

O. complanatus Er. [1839] *Käf. Mark Brandbg* 595.

Toute la Tunisie.

Tripolitaine, Algérie, Maroc, îles Canaries. Madère et Açores. région paléarctique, Sikkim. Nouvelle-Zélande.

O. pumilus Er. [1839] *Käf. Mark Brandbg* 596.

Tunis, *Hammam-el-Lif*, *Fernana*, *Souk-el-Arba*, *Bulla-Regia*, *Ghardimaou* (D' Normand). *Teboursouk* (D' Sicard).

Algérie, Maroc. Europe moyenne et méridionale. Caucase, Perse.

O. speculifrons Kr. [1857] *Naturg. Ins. Deutschl.* II, 862.

Tunis (Sedillot), *Hammam-el-Lif* (Sonthonnax), *Dj. Reças* (J. Sahlberg), *Teboursouk* (D' Sicard), *Ghardimaou* (D' Normand).

Algérie, Maroc. Europe méridionale. Caucase, Perse, Sikkim.

O. tetracarinatus Block |1799| *Verz. Ins.* 116, fig. 5.

Aïn-Draham (Sedillot), *Ghardimaou*, *El-Fedja*, *Souk-el-Arba*, *Camp-de-la-Santé*, etc. (D' Normand). *Teboursouk* (D' Sicard), *Tunis* (G. Doria); *Gafsa* (Vauloger).

Algérie, Maroc, Europe. Caucase. Perse. Japon, Amérique septentrionale.

Gen. **PLATYSTETHUS** Mannh. [1831].

P. oxytelinus Fauv. [1875] *Faune gallo-rhén.* III Cat. p. xi. — *longipennis* Epp. [1875] ♀. — *macropterus* Weise [1875]. — ? *excavatus* Motsch. [1857].

Kroumirie, frontière algérienne (Sedillot); *El-Fedja* et inondations de la *Medjerda à Souk-el-Arba* (D' Normand).

Algérie. Maroc, Andalousie.

P. cornutus Grav. [1802] *Micr.* 109.

Var. β. **alutaceus** Thoms. [1861] *Skand. Col.* III, 123.

Toute la Tunisie.

Tripolitaine, Algérie, Maroc, îles Canaries et Madère, région paléarctique, Chine, Japon, Annam, Inde.

P. spinosus Er. [1840] *Gen. Spec. Staphyl.* 784.

Toute la Tunisie.

Algérie, Maroc, île de Porto-Santo, Europe centrale et méridionale, Caucase, Perse, Asie occidentale et centrale.

P. capito Heer [1838] *Fauna Helv.* 208.

Kroumirie, frontière algérienne (Sedillot).

Algérie, Europe, Caucase, Caspienne, Turkestan, Sibérie occidentale.

P. nitens Sahlb. [1832] *Diss. Ins. Fenn.* I, 413. — *longicornis* Lucas [1846]. — *fossor* Woll. [1854].

Toute la Tunisie.

Tripolitaine, Algérie, Maroc, îles Canaries, Madère et Açores, région paléarctique.

Gen. **BLEDIUS** Mannh. [1831].

B. bos Fauv. [1869] in *Bull. Soc. linn. Norm.* V, 20 et in *Mém. Soc. linn. Norm.* XV, 41.

Bords de la mer et des chott. — Golfe de *Tunis* (Abdoul-Kerim). *Sfax*, îles *Kerkenna*, *Gabès*, *Tozzer* (V. Mayet), *Kebilli* (Dr Normand).

Algérie, Italie, Sicile, Sardaigne.

B. hædus Baudi [1857] in *Berlin. ent. Zeitschr.* I, 110.

Tunis (Abdoul-Kerim).

Tripolitaine, Égypte, Chypre, Syrie.

B. furcatus Ol. [1811] in *Encycl. méth.* VIII, 616. — *taurus* Germ. — (Var.) *Shrimshirei* Curt.

Littoral et région des Chott. — *Porto-Farina* (Vauloger), *La Goulette* (Sedillot). *Tunis* (V. Mayet), *Mehedia* (Sedillot). *Sfax* (Dr Chobaut), *Kebilli* (Dr Normand), *Gabès* (V. Mayet), *Zarzis* (Dr Sicard).

Tripolitaine, Algérie, Maroc, Europe moyenne et méridionale, Caucase, Égypte.

B. vitulus Er. [1840] *Gen. Spec. Staphyl.* 761. — *Januvianus* Woll. [1864].

Bords des eaux saumâtres. — Îles *Kerkenna* (V. Mayet); *Chott El-Djerid: Bir Asli* (Sedillot), *Kebilli* (D Normand).

Algérie, île de Lanzarote, îles du Cap Vert, Sénégal, Chypre, Égypte, Arabie, Abyssinie, Madagascar.

Obs. D'après L. von Heyden, le *B. vitulus* cité de Tripolitaine par Quedenfeldt est le *B. hædus* Baudi.

B. bicornis Germ. [1822] *Fauna Ins. Eur.* vi, 15.

Bords des eaux saumâtres. — *Souk-el-Arba* (D Normand), *Bizerte* (Vauloger), *Tunis* (Sedillot), *Cherichira* (Vauloger), *Oudref* (V. Mayet), *Gabès* (Alluaud), *Kebilli* (D Normand).

Algérie, Europe moyenne et méridionale, Orient, Turkestan.

B. unicornis Germ. [183?] *Fauna Ins. Eur.* xii, 3. — *galeatus* Woll. [1864].

Bords des eaux salées. — *Bizerte* (Vauloger), *La Goulette, Tunis, Mehedia* (Sedillot), *El-Guettar* près *Gafsa* (Vauloger), *Gabès* (D Sicard), *Kebilli* (D Normand).

Tripolitaine, Algérie, Maroc, Canaries orientales, Europe moyenne et méridionale (littoral et lacs salés), Caucase, Orient, Érythrée, Sénégal.

B. corniger Rosh. [1856] *Thiere Andal.* 77. — *cornutissimus* Woll. [1864].

Bords des eaux saumâtres. — Cours inférieur de la *Medjerda* (J. Sahlberg), *Souk-el-Arba* (D Normand); *Midès, Gafsa* (Sedillot), *Gabès* (Alluaud).

Algérie, Maroc, Canaries orientales, Andalousie, Languedoc, Sicile, Corfou.

B. Graëllsi Fauv. [1865] in *Bull. Soc. linn. Norm.* IX, 309.

Bords des eaux saumâtres. — *Porto-Farina* (Vauloger), *Tunis* (G. Doria), *Souk-el-Arba* (D Normand), *Sbeïtla* (Sedillot), *Gafsa* (D Chobaut), *Kebilli* (D Normand), *Gabès, Sebkha El-Melah* (V. Mayet).

Tripolitaine, Algérie, Maroc, Europe moyenne et méridionale (littoral et lagunes).

B. spectabilis Kr. [1858] *Naturg. Ins. Deutschl.* II, 821, note.

Bords des eaux saumâtres. — *La Goulette* (Sedillot), *Tunis* (V. Mayet).

Sud-Ouest algérien, Égypte, Orient, Europe, Caucase, Perse.

B. angustus Rey [1862] in *Ann. Soc. linn. Lyon* VIII, 152.

Régions désertiques et vallées chaudes. — *Souk-el-Arba* (D Normand), *Gafsa* (Vauloger), *Kebilli* (D Normand).

Sahara algérien: Languedoc, Espagne, Sicile; Arabie, Obock.

B. infans Rottenb. [1870] in *Berlin. ent. Zeitschr.* XIV, 36.

Littoral. — Ancien port militaire de *Carthage* (Vauloger); *Sfax* (Dʳ Chobaut).
Algérie orientale, Sicile, Sardaigne.

B. verres Er. [1840] *Gen. Spec. Staphyl.* 776.

Bords des oued, dans le sable. — *Souk-el-Arba* (Dʳ Normand). *Teboursouk*
(Dʳ Sicard), *Porto-Farina* (Vauloger), *Dj. Reças* (J. Sahlberg), *Kasserin*, *Sidi-
Mohamed ben-Ali* (Sedillot), *Sbeïtla* (Vauloger), *Gafsa* (Dʳ Chobaut).

Algérie, Maroc, Europe méridionale, Caucase, Syrie.

B. fossor Heer [1838] *Fauna Helv.* 211.

Teboursouk (Dʳ Sicard), *Kasserin* (Sedillot), *Oued El-Hateub* (Vauloger).

Algérie orientale, Europe méridionale et moyenne, Perse, Turkestan.

B. arenarius Payk. [1800] *Fauna Svec.* III, 382.

Bords des flaques d'eau du littoral. — *Bizerte* (Vauloger), environs de *Mateur*
(J. Sahlberg).

Maroc, Europe, Caspienne.

B. debilis Er. [1840] *Gen. Spec. Staphyl.* 778.

Bizerte (Vauloger), *Tunis*, *Teboursouk* (Dʳ Sicard).

Tripolitaine, Algérie, Maroc, Espagne, Sicile, Russie méridionale, Caucase.

B. tristis Aubé [1843] in *Ann. Soc. ent. Fr.* [1843], 92. — *brevicollis* Rey [1861].
Cap *Kamart* (J. Sahlberg).

Algérie, France méridionale, Corse, Italie, Sicile, Syrie.

B. hispidulus Fairm. [1856] *Faune ent. franç.* 601.

Bords des oued, dans le sable. — *Bizerte* (Vauloger), *Fernana* (Dʳ Normand).
Algérie, France moyenne et méridionale, Espagne, Portugal.

B. atricapillus Germ. [183?] *Fauna Ins. Eur.* XI, 4.

Souk-el-Arba (Dʳ Normand), *Oued El-Hateub* (Vauloger), *Kebilli* (Dʳ Normand).

Tripolitaine, Algérie, Maroc, Europe moyenne et méridionale, Transcaspienne,
Mésopotamie, Caucase, Turkestan, Sibérie centrale, Chine centrale.

B. cribricollis Heer [1838] *Fauna Helv.* 210.

Tunisie septentrionale : *Souk-el-Arba* (Dʳ Normand), *Tunis* (J. Sahlberg), *Oued-
Zerga* (Sedillot).

Algérie, Maroc, Europe moyenne et méridionale, Asie Mineure.

Obs. Les individus tunisiens ont les élytres plus ou moins rembrunis.

B. fracticornis Payk. [1790] var. **alpestris** Heer [1839] *Fauna Helv.* 210. — *erythropterus* Kr. [1858]. — *lætior* Rey [1879].

Dans le sable au bord des oued. — *Fernana, Souk-el-Arba* (Dᶜ Normand), *Teboursouk* (Dᶜ Sicard).

Algérie, Europe moyenne et méridionale, Caucase, Asie Mineure.

Obs. Les exemplaires de Tunisie et d'Algérie appartiennent à la var. *alpestris* (à élytres en majeure partie rouges). Les «cribricollis» cités de Teboursouk et de Philippeville par Fauvel (*Cat. Staphyl. Barb.* 263) se rapportent à cette variété du *fracticornis*.

Gen. **ONCOPHORUS** Epp. [1885].

O. miricollis Fauv. [1898] in *Rev. d'Ent.* XVII, 96.

Région désertique ; le soir au vol, près des puits et des sources. — Bassin du *Chott El-Djerid : Bir Asli* (Sedillot), *Seba-Biar* près *Kriz* (V. Mayet), *Kebilli* (Sedillot).

Sahara algérien oriental ; Obock.

O. Pirazzolii Epp. [1885] in *Deutsche ent. Zeitschr.* XXIX, 47.

Région désertique. — *Kebilli* (Dᶜ Normand), *Gabès, Zarzis* (Dᶜ Sicard).

Sahara algérien.

TRIB. IV. **STENINI.**

Gen. **STENUS** Latr. [1796].

S. guttula Müll. [1821] ap. Germ. *Magaz.* IV, 225.

Bords des eaux. — Toute la Tunisie, au moins jusqu'à *Gafsa* (Sedillot).

Tripolitaine : Dj. Gharian (Alluaud). Algérie, Maroc, îles Canaries et Madère, région paléarctique, îles Açores.

S. Guynemeri J. Duv. [1850] in *Ann. Soc. ent. Fr.* [1850], 51.

Régions montagneuses ; dans les mousses des chutes d'eau. — *Aïn-Draham* (Alluaud).

Algérie, Europe occidentale et méridionale.

S. mendicus Er. [1840] *Gen. Spec. Staphyl.* 702. — *orophilus* Fairm. [1859].

Île de *La Galite* (G. Doria). *Ghardimaou, Souk-el-Arba, Bulla-Regia, Fernana* (Dᶜ Normand). *Teboursouk* (Dᶜ Sicard). *Kessera* (Vauloger), *Gafsa* (Alluaud), *Gabès* (Dᶜ Sicard).

Algérie, Maroc, Europe méridionale, Syrie.

S. incanus Er. [1839] *Käf. Mark Brandbg* 538.

Teboursouk (Dr Sicard).

Algérie, Maroc, Europe moyenne et méridionale, Caucase, Sibérie occidentale et centrale.

S. providus Er. [1839] *Käf. Mark Brandbg* 546. - *obscurus* Lucas [1846]. — *Rogeri* Kr. [1858].

Souk-el-Arba (Dr Normand), *Teboursouk* (Dr Sicard).

Algérie, Maroc, île Madère, région paléarctique.

S. ater Mannh. [1831] in *Mém. prés. à l'Acad. Sc. St-Pétersb.* I (*Brach.* 42).

Teboursouk (Dr Sicard), entre *Midès* et *Feriana* (Sedillot).

Algérie, Maroc, région paléarctique.

S. intricatus Er. [1840] *Gen. Spec. Staphyl.* 694.

Souk-el-Arba, Teboursouk (Dr Normand), *Mateur* (J. Sahlberg), marais de *Mabtouha* (Vauloger), *Tunis* (Lethierry, G. Doria), *Dj. Meghila* (Vauloger), *Oued Leben* (V. Mayet).

Algérie. Maroc, Europe méridionale, Caucase.

S. pusillus Steph. [1833] *Ill. Brit.* V, 311.

Feriana (Dr Normand), *Gilma* (Vauloger).

Algérie, Maroc, Europe, Asie Mineure, Transcaucasie, Sibérie occidentale.

S. melanopus Marsh. [1802] *Ent. Brit.* 528.

Toute la Tunisie, au moins jusqu'à *Gafsa* (Sedillot).

Algérie, Maroc, Europe, Asie Mineure, Perse, Sibérie occidentale.

S. capitatus Epp. [1878] in *Ent. Zeitg* (Stettin) XXXIX, 421.

Endroits humides, au pied des Joncs. — *Feriana, Bulla-Regia, Souk-el-Arba* (Dr Normand), *Teboursouk* (Dr Sicard), *Tunis* (G. Doria), *Kessera* (Sedillot).

Algérie, Sicile.

S. nigritulus Gyll. [1827] *Ins. Svec.* IV, 502. — (Var.) *lepidus* Weise [1875].

Tunis (Dr Normand), *Mateur, Zaghouan* (J. Sahlberg), *Oued-Zerga* (Sedillot), *Teboursouk* (Dr Sicard), *El-Kef, Kessera, Gafsa* (Sedillot), *Tozzer, El-Oudian* (Abdoul-Kerim).

Algérie, Maroc, Europe, Caucase, Sibérie, Orient.

Obs. M. le Dr Sicard a pris ensemble à Teboursouk le type (à pattes foncées) et la var. *lepidus* Weise (à pattes rougeâtres).

S. brunneipes Steph. [1833] *Ill. Brit.* V, 285.

Aïn-Draham, Souk-el-Arba (Dr Normand).

Algérie, Europe.

S. fulvicornis Steph. [1833] *Ill. Brit.* V, 284. — *paganus* Er. [1839].

Sur la vase des marais. — *Bulla-Regia* (Dr Normand).

Algérie, Maroc, Europe.

S. tarsalis Ljung [1810] ap. Web. et Mohr *Beitr.* II, 157.

Aïn-Draham (Sedillot).

Algérie, Maroc, région paléarctique; Amérique septentrionale.

S. similis Herbst [1784] *Archiv* V, 151. — *oculatus* Grav. [1802].

El-Fedja, Aïn-Draham (Sedillot), *Teboursouk* (Dr Normand).

Algérie, Maroc, région paléarctique.

S. canescens Rosh. [1856] *Thiere Andal.* 74.

Bulla-Regia, Souk-el-Arba, Teboursouk (Dr Normand).

Algérie, Maroc, Europe moyenne et méridionale, région méditerranéenne.

S. salinus Ch. Bris. [1863] ap. Grenier *Matér. Faune franç.* 39. — *subconvexus* Rey [1884].

Marais de *Mabtouha* (Vauloger), un individu femelle.

Algérie, Maroc, Europe moyenne et méridionale, Caucase, Daourie.

Obs. L'insecte de Teboursouk cité par Fauvel sous le nom de «*S. salinus*» en 1897 se rapporte au *S. canescens*.

S. palliditarsis Steph. [1833] *Ill. Brit.* V, 298. — *plantaris* Er. [1839].

Souk-el-Arba (Dr Normand).

Algérie, Maroc, région paléarctique.

S. picipennis Er. [1840] *Gen. Spec. Staphyl.* 725.

Teboursouk (Dr Sicard).

Algérie, Maroc, Europe occidentale, moyenne et méridionale.

S. languidus Er. [1840] *Gen. Spec. Staphyl.* 725.

Mateur (J. Sahlberg), *Teboursouk* (Dr Normand).

Algérie jusqu'à Tebessa, Maroc, Europe méridionale.

S. flavipes Steph. [1833] *Ill. Brit.* V, 289. — *Dobberti* Qued. [1882].

Teboursouk (Dr Normand).

Algérie, Maroc, Europe, Sibérie.

S. cordatus Grav. [1802] *Micr.* 198. — *æneus* Lucas [1846].

Endroits secs; sous les pierres et dans les fourmilières. — *Aïn-Draham* (Alluaud), *Fernana*, *Souk-el-Arba*, *Ghardimaou* (D' Normand), *Teboursouk* (D' Sicard), *Gilma* (Vauloger).

Algérie, Europe méridionale, Caucase, région Transcaspienne, Turkestan; Indes orientales : Pegou. – Tripolitaine (sec. Letourneux)?.

S. ærosus Er. [1840] *Gen. Spec. Staphyl.* 727.

Tunisie septentrionale : *Aïn-Draham* (Alluaud), *El-Fedja* (Sedillot), *Fernana*, *Souk-el-Arba* (D' Normand), *Teboursouk* (D' Sicard), *Makteur* (Vauloger).

Algérie, Maroc, Europe moyenne et méridionale, Syrie.

S. Suramensis Epp. [1879] in *Verh. zool.-bot. Ges. Wien* XXXIX, 466.

Aïn-Draham (Sedillot).

Frontière algérienne de la Kroumirie; Caucase.

S. fuscicornis Er. [1840] *Gen. Spec. Staphyl.* 730.

Aïn-Draham (D' Normand).

Algérie (Nord-Est), Europe moyenne et méridionale, Caucase.

TRIB. V. **PÆDERINI.**

Gen. **PROCIRRUS** Latr. [1829].

P. Lefebvrei Latr. [1829] ap. Cuvier *Règne anim.* ed. 2, IV, 436.

Sfax (Vauloger).

Algérie, Maroc, îles Canaries, Sicile.

Gen. **ŒDICHIRUS** Er. [1840].

Œ. pæderinus Er. [1840] *Gen. Spec. Staphyl.* 685.

Sous les pierres. — Tunisie septentrionale : *Aïn-Draham* (Sedillot), *El-Fedja*, *Fernana* (D' Normand), *Teboursouk* (D' Sicard), marais de *Mabtouha* (Vauloger).

Algérie, Maroc, Sicile.

Gen. **CTENOMASTAX** Kr. [1870].

C. variicolor Fauv. [1900] in *Rev. d'Ent.* XIX, 57.

Terrains argilo-sableux, sous les pierres après les grandes pluies. — Environs de *Makteur* (Vauloger).

Andalousie.

C. Kiesenwetteri Kr. [1870] ap. Heyden *Ent. Reise südl. Span.* 85, tab. 2, fig. 4; Fauv. in *Rev. d'Ent.* XIX, 58.

Terrains argilo-sableux, sous les pierres après les grandes pluies. — *Souk-el-Arba* (D Normand), *Dj. Meghila*, *Sfax* (Vauloger).

Algérie, Andalousie.

Gen. **ASTENUS** Steph. [1833].
(*Sunius* ± Er., *Mecognathus* Woll.).

A. tristis Er. [1840] *Gen. Spec. Staphyl.* 544. — (Var.) *uniformis* J. Duv. [1852].

Sous les pierres. — Assez répandu en Tunisie.

Algérie, Maroc, Europe méridionale, Syrie.

A. filum Aubé [1850] in *Ann. Soc. ent. Fr.* [1850], 317. — *rutilipennis* Chevr. [1860]. — *setulosus* Wasm. [1890].

Assez répandu en Tunisie.

Algérie, Maroc, Andalousie, Sardaigne.

A. bimaculatus Er. [1840] *Gen. Spec. Staphyl.* 641.

Assez répandu en Tunisie.

Algérie, Maroc, ile Madère, Europe méridionale, Caucase, Asie Mineure.

A. nigro-maculatus Motsch. [1858] in *Bull. Soc. Nat. Mosc.* [1858], 637.

Région désertique. — *Gafsa*, *Tozzer* (Sedillot), *Kebilli* (D Normand), *Gabès* (D Sicard).

Algérie, Maroc, îles Canaries, îles du Cap Vert, Côte d'Or, Égypte.

A. melanurus Küst. [1853] *Käf. Europ.* fasc. xxvi, 76.

Assez répandu en Tunisie.

Algérie, Maroc, îles Canaries, Sénégal, Europe méridionale et région méditerranéenne, Tauride.

A. microthorax Fauv. [1875] *Faune gallo-rhén.* III, Cat. p. 18.

Gilma, *Sbeïtla*, avec une petite Fourmi (Vauloger).

Algérie.

A. angustatus Payk. [1789] *Mon. Staphyl.* 36. — *æquivocus* Woll. [1860]. — Var. (brachyptera) *neglectus* Märk. [1844].

Assez répandu en Tunisie.

Algérie, Maroc, îles Madère et Açores, région paléarctique.

Gen. **NAZERIS** Fauv. [1873].
(*Mesunius* Sharp).

N. pulcher Aubé [1850] in *Ann. Soc. ent. Fr.* [1850], 319. — *cribellatus* Fairm. [1860].

Lieux boisés, sous les feuilles mortes. — *Kroumirie* : *El-Fedja* (Sedillot), *Aïn-Draham*, *Fernana* (Dr Normand); *Teboursouk* (Dr Sicard).

Algérie, Maroc, Espagne.

Gen. **STILICUS** Latr. [1825].

S. orbiculatus Payk. [1789] *Mon. Staphyl.* 35.

Détritus végétaux. — Assez répandu en Tunisie.

Algérie, Maroc, îles Canaries, Madère et Açores. Europe. Caucase. Asie Mineure.

Gen. **SCOPÆUS** Er. [1840].

S. gracilis Sperk [1835] in *Bull. Soc. Nat. Mosc.* [1835], 152. — *trossulus* Woll. [1854].

Sous les pierres, au bord des oued. — *Ghardimaou*, *Souk-el-Arba*, *Fernana* (Dr Normand); *Oued Seldja* (Alluaud).

Algérie, Maroc, Canaries, Europe moyenne et méridionale, Caucase, Turkestan.

S. signifer Fauv. [1899] in *Rev. d'Ent.* XIX, 72.

Gabès (Alluaud).

Espèce connue seulement de Tunisie.

S. debilis Hochh. [1851] in *Bull. Soc. Nat. Mosc.* [1851], part. iii, 50. — *scitulus* Baudi [1857]. — *filiformis* Woll. [1867].

Sous les pierres, au bord des eaux courantes. — Tunisie septentrionale : *Tunis*, *Teboursouk*, *Souk-el-Arba*, *Fernana* (Dr Normand).

Algérie, Maroc, Europe moyenne et méridionale, Caucase, Caspienne, Perse, îles du Cap Vert, Sénégal.

Obs. C'est le *Scopæus* cité de Tunis sous le nom de «*gracilis* Sperk» (*Rev. d'Ent.* XVII, 366).

S. laevigatus Gyll. [1827] *Ins. Svec.* IV, 483.

Toute la vallée de la *Medjerda* (Dr Normand, Vauloger): *Gafsa* (Alluaud).

Algérie, Maroc, Europe, Perse, Turkestan, Sibérie occidentale.

S. longicollis Fauv. [1873] *Faune gallo-rhén.* III, 311.

El-Fedja (Dr Normand).

Algérie, Maroc, Espagne, France occidentale et méridionale.

S. didymus Er. [1840] *Gen. Spec. Staphyl.* 606.

Tunisie septentrionale : *Kroumirie* (Sedillot), *Souk-el-Arba* (Dr Normand), *Te-boursouk* (Dr Sicard), *Tunis* (Dr Normand).

Algérie, Maroc. Europe moyenne et méridionale.

S. minimus Er. [1839] *Käf. Mark Brandbg* 511. — *nigellus* Woll. [1864].

Sous les plaques de vase. — *Bulla-Regia*, *Fernana* (Dr Normand).

Algérie, Maroc, Canaries. Europe moyenne et région méditerranéenne, Caucase.

GEN. **MEDON** Steph. [1833].
(*Lithocharis* Lacord.).

M. dilutus Er. [1839] *Käf. Mark Brandbg* 514. — *quadriceps* (sic) Woll. [1864].

Kessera (Vauloger), entre *Feriana* et *Sidi-Aïch*, entre *Sbeïtla* et *Hadjeb-el-Aïoun*, *Aïn Tefel*, *Ras-el-Aïoun* (Sedillot), *Sfax* (Vauloger).

Algérie, Maroc. Canaries orientales. Europe moyenne et méridionale, Caucase, Asie Mineure.

M. ripicola Kr. [1854] in *Ent. Zeitg* (Stettin) XV, 127.

Bords des eaux. — *Aïn-Draham*, *Fernana*, *Souk-el-Arba* (Dr Normand).

Algérie, Maroc, îles Madère et Açores. Europe. Caucase.

M. apicalis Kr. [1858] *Naturg. Ins. Deutschl.* II, 715. — *fuscilus* Woll. [1864].

Kroumirie (Dr Normand), *Tunis* (G. Doria).

Algérie. Maroc, îles Madère et Açores. Europe. Caucase.

M. ochraceus Grav. [1802] *Micr.* 59.

Toute la Tunisie.

Tripolitaine, Algérie, Maroc, îles Canaries. Madère, du Cap Vert, Sainte-Hélène et Açores, Europe, etc. — Cosmopolite.

M. obsoletus Nordm. [1837] *Symb.* 146. — *brevipes* Woll. [1860].

Souk-el-Arba (Dr Normand), *Tunis* (G. Doria).

Algérie. Europe et région méditerranéenne, îles Madère et du Cap Vert, Congo. Australie. Amérique du Nord et du Sud.

M. debilicornis Woll. [1857] *Cat. Col. Mader.* 194. — *brevicornis* All. [1858].

Souk-el-Arba (Dr Normand); *Tozzer* (Sedillot).

Algérie, îles Canaries, Madère, Açores et du Cap Vert, Afrique tropicale, France moyenne et méridionale, Italie, etc. — Cosmopolite.

M. despectus Fairm. [1860] in *Ann. Soc. ent. Fr.* [1860], 160.

Nord de la Tunisie : *El-Fedja* (Sedillot), *Souk-el-Arba* (Dr Normand), *Teboursouk* (Dr Sicard), *Tunis* (G. Doria).

Algérie, Maroc, Andalousie.

M. rufiventris Nordm. [1837] *Symb.* 147. — *Africanus* Fauv. [1869] in *Mém. Soc. linn. Norm.* XV, 38.

Parmi les mousses. — Tunisie septentrionale : *Aïn Babouch, Aïn-Draham* (Sedillot), *El-Fedja* (Vauloger), *Fernana, Souk-el-Arba* (Dr Normand).

Algérie, Europe moyenne et méridionale.

M. nigritulus Er. [1840] *Gen. Spec. Staphyl.* 625. — *minutus* Lucas [1846].

Toute la Tunisie.

Algérie, Maroc, îles Canaries, Europe moyenne et méridionale.

M. ovaliceps Fauv. [1878] *Notices ent.* VI, 30. — *Quedenfeldti* Epp. [1883].

Souk-el-Arba (Dr Normand).

Algérie, Maroc, Espagne.

M. propinquus Ch. Bris. [1867] ap. Harold *Col. Heft.* II, 116 (nomen nudum). — *vicinus* ‖ Ch. Bris. [1859]. — *melanocephalus* ‡ Woll. (nec Fabr.).

Détritus végétaux. — Toute la Tunisie.

Algérie, Maroc, îles Madère et Açores, Europe.

M. seminiger Fairm. [1860] in *Ann. Soc. ent. Fr.* [1860], 161.

Sous les pierres. — *Fernana, Bulla-Regia, Souk-el-Arba* (Dr Normand), *Teboursouk* (Dr Sicard), marais de *Mabtouha* (Vauloger), *Tunis* (G. Doria), *Kessera* (Vauloger).

Algérie, Languedoc, Andalousie, Sardaigne, Syrie.

Gen. **PÆDERUS** Fabr. [1775].

P. meridionalis Fauv. [1873] *Faune gallo-rhén.* III, 331.

Endroits humides, sous les pierres. — *El-Fedja* (Dr Normand), *Mateur* (J. Sahlberg).

Algérie, Maroc, Espagne, Italie, Corse, Sardaigne, Sicile.

P. caligatus Er. [1840] *Gen. Spec. Staphyl.* 652.

Graviers humides au bord des oued. — *Bizerte* (Vauloger), *Bulla-Regia*, *Souk-el-Arba* (Dr Normand), marais de *Gilma* (Vauloger), *Teboursouk* (Dr Sicard).

Algérie, Maroc, Europe moyenne et méridionale, Caucase, Turkestan.

P. fuscipes Curt. [1826] *Ent. Brit.* III, 108. — *Erichsoni* Woll. [1867].

Toute la Tunisie.

Tripolitaine, Algérie, Maroc, îles du Cap Vert, Europe, etc. — Presque cosmopolite.

P. ruficollis Fabr. [1777] *Gen. Ins.* 243. — *Algiricus* Motsch. [1858].

Graviers humides au bord des oued. — *Djedeïda*, *Teboursouk*, etc.

Algérie, Maroc, Europe, Caucase, Asie Mineure, Perse, Turkestan, Abyssinie.

Gen. **DOLICAON** Lap.-Cast. [1835].

D. densiventris Fauv. [1875] *Faune gallo-rhén.* III, Cat. p. 20.

Tunis, Tebourba, Teboursouk, Kairouan, etc.

Tripolitaine, Algérie, Maroc, Sicile.

D. Illyricus Er. [1840] *Gen. Spec. Staphyl.* 577. — (Var.) *nigricollis* Woll. [1862].

Toute la Tunisie, au moins jusqu'à la plaine de *Madjoura*.

Tripolitaine, Algérie, Maroc, Canaries orientales, Andalousie, Illyrie, Dalmatie, Sicile, Grèce, Asie Mineure, Syrie; Sénégal.

D. gracilis Grav. [1802] *Micr.* 182. — *hæmorrhous* Er. [1840].

Endroits humides, sous les pierres. — Nord de la Tunisie: *Souk-el-Arba*, *Bulla-Regia* (Dr Normand), marais de *Mabtouha* (Vauloger), *Tunis* (G. Doria), *Teboursouk* (Dr Sicard), *Makteur* (Vauloger).

Algérie, Maroc, île de Canaria, Sicile, Sardaigne, Portugal.

Gen. **LATHROBIUM** Grav. [1806].

L. dividuum Er. [1840] *Gen. Spec. Staphyl.* 601. — *salinum* Woll. [1864].

Marécages, surtout au bord des eaux salées. — *Souk-el-Arba* (Dr Normand), marais de *Mabtouha* (Vauloger).

Algérie, Maroc, île de Lanzarote et littoral méditerranéen; Obock.

L. labile Er. [1840] *Gen. Spec. Staphyl.* 594.

Bords des eaux, sous les pierres. — *Tunis* (G. Doria), *Ghardimaou*, *Souk-el-Arba* (Dr Normand), *Oued El-Hateub* à l'E de *Tala* (Vauloger).

Algérie, Maroc, île de Ténérife, Europe moyenne et méridionale.

L. anale Lucas [1846] in *Expl. Alg.* II, 117, tab. 12, fig. 9. — *concinnum* H. Bris. [1860]. — *multipunctatum* var. *Canariense* Woll.

Bords des oued, enterré dans la vase. — *Aïn-Draham* (Sedillot), *Fernana*, *Souk-el-Arba* (D⁰ Normand), *Teboursouk* (D⁰ Sicard), marais de *Mabtouha*, *Oued El-Hateub* à l'E de *Tala* (Vauloger), *Kairouan* (Abdoul-Kerim).

Algérie, Maroc, îles Canaries, Espagne. Portugal.

L. Lethierryi Reiche [1869] in *Mém. Soc. linn. Norm.* XV, 37.

Détritus végétaux humides. — *Aïn-Draham*, *Teboursouk* (D⁰ Normand).

Algérie.

L. angustatum Lacord. [1835] *Faune env. Paris* 424.

Marais de *Gilma* (Vauloger).

Algérie, Maroc, Europe moyenne occidentale, Autriche.

L. mimeticum Fauv. [1898] in *Rev. d'Ent.* XVII, 97.

Teboursouk (D⁰ Sicard).

Algérie.

L. albipes Lucas [1846] in *Expl. Alg.* II, 118, tab. 12, fig. 10.

Rives argileuses des oued. — *Tunis* (Vauloger). *Souk-el-Arba*, *Bulla-Regia*, *Fernana* (D⁰ Normand).

Algérie.

L. Lusitanicum Er. [1840] *Gen. Spec. Staphyl.* 597.

Tunis (G. Doria), *Souk-el-Arba* (D⁰ Normand), *Teboursouk* (D⁰ Sicard), *Kessera* (Sedillot).

Algérie, Maroc, Europe méridionale, Syrie.

GEN. **SCIMBALIUM** Er. [1840].

S. testaceum Er. [1840] *Gen. Spec. Staphyl.* 581.

Souk-el-Arba, *Fernana* (D⁰ Normand), *Teboursouk* (D⁰ Sicard). *Tunis* (G. Doria); *El-Aouareb* près *Kairouan*, *Sfax* (Vauloger).

Algérie, Europe méridionale, Asie Mineure.

S. pubipenne Fairm. [1860] in *Ann. Soc. ent. Fr.* [1860], 158.

Marais de *Mabtouha* (Vauloger), *Bulla-Regia*, *Souk-el-Arba* (D⁰ Normand).

Algérie, Maroc, Europe méridionale.

Gen. **ACHENIUM** Curt. [1826].

A. striatum Latr. [1804] *Hist. nat. Crust. et Ins.* IX, 341.

Assez répandu en Tunisie.

Algérie, Maroc, Espagne, Sicile, Malte.

A. æquatum Er. [1840] *Gen. Spec. Staphyl.* 583.

Entre *Midès* et *Feriana* (Sedillot). *Kairouan* (Alluaud), *Sfax* (Vauloger), îles *Kerkenna*, *Bled Cegui* (V. Mayet). *Fedjedj* (Alluaud), *Gabès* (Noualhier).

Algérie, îles Canaries, Égypte, Syrie.

Obs. L'exemplaire des îles Kerkenna a les 6ᵉ, 7ᵉ et 8ᵉ segments de l'abdomen rouges, sauf l'extrême base du 6ᵉ; une semblable variété se rencontre chez l'*A. basale.*

A. basale Er. [1840] *Gen. Spec. Staphyl.* 584. — *Hartungi* Woll. [1854].

Tunis (Vauloger).

Algérie, îles Madère et Porto-Santo. Alpes-Maritimes, Italie, Corse, Sardaigne, Hongrie, Bosnie, Grèce, Chypre.

A. tenellum Er. [1840] *Gen. Spec. Staphyl.* 587.

Assez répandu en Tunisie.

Algérie, Maroc. Espagne, Italie, Sardaigne, Grèce, Syrie.

Gen. **CRYPTOBIUM** Mannh. [1831].

C. fracticorne Payk. [1800] *Fauna Svec.* III, 430 F.

Dans la vase des marais. — *Bulla-Regia* (Dʳ Normand), marais de *Mabtouha*, *Kessera* (Vauloger).

Tripolitaine, Algérie, Europe, Chypre. Syrie, Caucase, Boukharie, Sibérie.

TRIB. VI. **STAPHYLININI.**

Gen. **PLATYPROSOPUS** Mannh. [1831].

P. Bagdadensis Stierl. [1867] in *Mitth. Schweiz. ent. Ges.* II, 218. — *Araxis* Reitt. [1891].

Région désertique: le soir au vol. — *Kebilli* (Dʳ Normand).

Sahara algérien: Mésopotamie. Transcaucasie.

Gen. **DIOCHUS** Er. [1840].

Obs. Le *D. Staudingeri* Kr. n'a pas encore été signalé en Tunisie, mais comme il existe au Kef Kourat, petit poste situé dans la partie montagneuse du Nord-Est algérien, il est probable qu'on le trouvera également en Kroumirie.

Gen. **OTHIUS** Steph. [1832].

O. punctulatus Gœze [1777] *Ent. Beytr.* I, 730. — *fulvopterus* Fourcr. [1785]. — *fulvipennis* Fabr. [1792].

El-Fedja (Dr Normand), *Kessera* (Vauloger).

Algérie, Europe, Caucase, Sibérie, Japon.

O. læviusculus Steph. [1833] *Ill. Brit.* V, 255.

Toute la Tunisie.

Tripolitaine, Algérie, Maroc, Europe, Caucase, Perse.

Gen. **LEPTACINUS** Er. [1839].

L. parumpunctatus Gyll. [1827] *Ins. Svec.* IV, 481.

Fumiers végétaux. — Toute la Tunisie.

Tripolitaine, Algérie, Maroc, îles Canaries et Madère, îles du Cap Vert. Europe, etc. — Cosmopolite.

L. bathychrus Gyll. [1827] *Ins. Svec.* IV, 480.

Fumiers végétaux et bouses. — Toute la Tunisie.

Tripolitaine, Algérie, Maroc, îles Canaries, Madère et Açores, Europe, etc. — Presque cosmopolite.

Gen. **LEPTOLINUS** Kr. [1857].

L. nothus Er. [1840] *Gen. Spec. Staphyl.* 338.

Toute la Tunisie.

Tripolitaine, Algérie, Maroc, île de Ténérife, Europe moyenne et méridionale. Caucase, Mésopotamie, Érythrée, Zanguebar, Congo, Madagascar.

Gen. **XANTHOLINUS** Serv. [1825].

Sect. I. *Nudobius* Thoms.

X. collaris Er. [1839] *Käf. Mark Brandbg* 424. — *ruficollis* Lucas [1846].

Forêts de Chênes, sous les écorces. — Tunisie septentrionale : *Ghardimaou* (Dr Normand), *El-Fedja* (Vauloger), *Aïn-Draham* (Sedillot).

Algérie, Europe méridionale, Chypre, Asie Mineure.

Sect. II. *Eulissus* Mannh.

X. fulgidus Fabr. [1787] *Mant. Ins.* I, 220.

Toute la Tunisie.

Tripolitaine, Algérie, Maroc, Europe, Caucase, Asie Mineure, Arabie, Ceylan, Tonkin, Birmanie, Sumatra; Amérique septentrionale.

Sect. III. *Xantholinus* s. str.

X. punctulatus Payk. [1789] *Mon. Staphyl.* 30.

Détritus végétaux. — Toute la Tunisie.

Tripolitaine, Algérie, Maroc, îles Canaries, Madère et Açores, régions paléarctique et néarctique.

Var. β. angustatus Steph. [1833] *Ill. Brit.* V, 263 (*ochraceus* Gyll.).

El-Fedja (Dr Normand).

Algérie, Europe, Sibérie.

X. glabratus Grav. [1802] *Micr.* 178.

Détritus végétaux et fumiers. — Toute la Tunisie.

Algérie, Maroc, Europe, Açores.

X. glaber Nordm. [1837] *Symb.* 114.

El-Fedja (Dr Normand).

Algérie, Europe.

X. hesperius Er. [1840] *Gen. Spec. Staphyl.* 329. — *coloratus* Karsch [1881].

Toute la Tunisie.

Tripolitaine, Algérie, Maroc, îles Canaries, Madère et Açores, Péninsule Ibérique, Sardaigne, Sicile, Malte, Illyrie.

X. ruflpes Lucas [1846] in *Expl. Alg.* II, 106, tab. 11, fig. 12.

Dans les bouses. — Toute la Tunisie.

Tripolitaine, Algérie, Sicile.

Obs. Les pattes sont parfois brunâtres chez les exemplaires tunisiens.

X. æqualis Fauv. [1898] in *Rev. d'Ent.* XVII, 98.

Teboursouk (Dr Sicard), *El-Aala* au SO de *Kairouan* (Vauloger).

Algérie.

X. linearis Ol. [1792] *Ent.* III, gen. 42, 19, tab. 4, fig. 38.

Toute la Tunisie.

Tripolitaine, Algérie, Maroc, îles Madère et Açores, région paléarctique.

X. laniger Fauv. [1900] in *Rev. d'Ent.* XVIII [1899], 97.

Mousses humides, en hiver; détritus végétaux. — Tunisie septentrionale : *El-Fedja*, *Aïn-Draham*, *Camp-de-la-Santé*, *Teboursouk* (Dʳ Normand).

Algérie orientale.

Gen. **CREOPHILUS** Mannh. [1831].

C. maxillosus L. [1758] *Syst. Nat.* ed. 10, I, 421.

Dans les cadavres de Mammifères. — Toute la Tunisie.

Tripolitaine, Algérie, Maroc, îles Canaries, Madère et Açores, région paléarctique et confins des régions éthiopienne et indienne: Amérique septentrionale.

Gen. **LEÏSTOTROPHUS** Perty [1830].

Sect. *OXYTHOLESTES* Ganglb.

L. marginalis Gené [1836] in *Mem. Accad. Sc. Torin.* XXXIX, 171, tab. 1, fig. 4.

Dans les excréments et les cadavres. — *Tunis* (Dʳ Ch. Martin), *Hammam-el-Lif* (Sonthonnax), *Teboursouk* (Dʳ Sicard), *Fernana*, *Ghardimaou* (Dʳ Normand), *Cherichira* (Vauloger).

Algérie, Maroc, Espagne, Portugal, Corse, Sardaigne.

Gen. **STAPHYLINUS** L. [1758].

Sect. I. *STAPHYLINUS* s. str.

S. medioximus Fairm. [1859] in *Ann. Soc. ent. Fr.* [1852], 73.

Endroits humides. — *Bizerte* (Dʳ Sicard), *Mateur* (J. Sahlberg), *Teboursouk*, *Bulla-Regia* (Dʳ Normand).

Algérie, Maroc; Gibraltar (J. J. Walker).

Sect. II. *OCYPUS* Steph.

S. olens Müll. [1764] *Fauna Ins. Fridr.* 23.

Tunisie septentrionale et Hauts-Plateaux.

Algérie, Maroc, îles Canaries et Açores, Europe, Caucase, Perse.

S. ophthalmicus Scop. [1763] *Ent. Carn.* 99. — *cyaneus* Payk. [1789].

Toute la Tunisie.

Tripolitaine, Algérie, Maroc, Europe, Caucase, Syrie.

S. æthiops Waltl [1835] *Reise* II, 56. — *Hesperus* Crotch [1867].

Sables siliceux, souvent dans les bois. — Tout le Nord de la Tunisie.

Algérie, Maroc, Açores, Europe méridionale et occidentale, Asie Mineure.

S. æneocephalus De Geer |1774| *Mém. Ins.* IV, 22. — *punctatissimus* Woll. |1864]. — *Fortunatarum* Woll. |1864'.

Toute la Tunisie.

Algérie, Maroc, Canaries orientales, Europe, Orient.

S. ater Grav. 1802] *Micr.* 161. — *atratus* Woll. [1864].

Tunis (Abdoul-Kerim), *Kairouan*, *Sidi-el-Hani* (Sedillot), *Gafsa* (Alluaud), *Tamerza* (Éd. Blanc), *El-Oudian* (Abdoul-Kerim).

Algérie, Maroc, Canaries orientales, Europe, Caucase; Amérique septentrionale.

Obs. C'est le *«planipennis»* cité de Tunisie par Fairmaire (*Ann. Mus. civ. Gen.* VII, 482).

Var. β. planipennis Aubé |1842] in *Ann. Soc. ent. Fr.* |1842|, 235 : elytris fortius et minus dense punctatis.

Tunis (Dʳ Normand).

Algérie, Maroc, Sicile, Syrie, Turcomanie.

Var. γ. Olivieri Fauv. [1868| in *Bull. Acad. Hippone* VI, 61 : antennis pedibusque rubris.

Marais de *Mabtouha* (Vauloger).

Algérie.

S. bellicosus Fairm. |1855| in *Ann. Soc. ent. Fr.* |1855|, 312.

Beja (Dʳ Éd. Bugnion).

Algérie, Maroc.

S. nigrinus Lucas |1846] in *Expl. Alg.* II, 109.

Teboursouk (Dʳ Sicard).

Algérie, Maroc, Andalousie. Sicile.

Gᴇɴ. **CAFIUS** Curt. [1830].

Sect. I. Oʀᴛʜɪᴅᴜs Rey.

C. cribratus Er. |1840] *Gen. Spec. Staphyl.* 431.

Plages salées. — Environs de *Mateur* (J. Sahlberg). *Bizerte, Tunis* (Abdoul-Kerim).

Côtes de l'Algérie, du Maroc, de la Méditerranée, de l'Adriatique et de l'Océan.

Sect. II. Cᴀғɪᴜs s. str.
(*Remus* Holme).

C. Flicki Vaul. |1897; in *Bull. Soc. ent. Fr.* |1897|. 238.

Bords de la mer, sous les Fucus. — Île *Gherba* des *Kerkenna* (Vauloger). janvier 1896, deux individus.

Espèce connue seulement de Tunisie.

C. xantholoma Grav. [1806] *Mon.* 41.

Plages maritimes. --- *Bizerte* (Vauloger), *Tunis* (Dr Normand), *Gabès* (Noualhier).

Algérie, Maroc, îles Canaries, côtes d'Europe et d'Asie Mineure, Égypte, Cap, Chili, Islande. — Au Cap, la forme macrocéphale (var. *variolosus* Sharp) se trouve seule, à l'exclusion du type.

C. sericeus Holme [1837] in *Trans. ent. Soc. Lond.* II, 64.

Var. β. pruinosus Er. [1840] (*filum* Kiesw., *Ægyptiacus* Motsch.).

Plages maritimes. — *Bizerte* (Vauloger), golfe de *Tunis* (V. Mayet), *Monastir* (Quedenfeldt), *Sfax*, îles *Kerkenna* (V. Mayet).

Algérie, Maroc, îles Canaries, côtes d'Europe et d'Asie Mineure, mer Noire, Égypte, Djibouti, Madagascar, Australie, Amérique septentrionale.

Obs. La var. *pruinosus* est plus rare que le type, mais l'une et l'autre se trouvent en Tunisie.

Gen. **ACTOBIUS** Fauv. [1875].

Sect. I. *Neobisnius* Ganglb.

A. orbus Kiesw. [1850] in *Ent. Zeitg* (Stettin) [1850], 220. — *tenellus* Woll. [1864].

Souk-el-Arba (Dr Normand), *Tunis* (G. Doria), *Sidi-Mohamed-ben-Ali* (Sedillot), *Gafsa, Oued Seldja* (Alluaud).

Algérie, Maroc, îles Canaries, îles du Cap Vert, Abyssinie, Égypte, Europe méridionale, etc.

A. procerulus Grav. [1806] *Mon.* 95. --- *semipunctatus* Fairm. [1861]. — *filiformis* Woll. [1857]. — *xantholinoïdes* Woll. [1864].

Var. β. prolixus Er. [1840] *Gen. Sp. Staphyl.* 510.

Toute la Tunisie. — La var. *prolixus* se prend à *Teboursouk* et à *Souk-el-Arba*.

Tripolitaine, Algérie, Maroc, îles Canaries, Madère et Açores, régions paléarctique et néarctique, Chili, Australie, Madagascar, Abyssinie.

Sect. II. *Actobius* s. str.

A. signaticornis Rey [1853] in *Ann. Soc. linn. Lyon* [1853], 62.

El-Fedja, Fernana (Dr Normand).

Algérie, Maroc, Europe moyenne et occidentale, jusqu'en Espagne et en Italie.

Gen. **PHILONTHUS** Steph. [1832].

P. intermedius Lacord. [1835] *Faune ent. Paris* 388.

Débris végétaux. --- Toute la Tunisie.

Algérie, Maroc, Europe, Asie Mineure, Caucase, Mésopotamie, Perse.

P. politus L. [1758] *Syst. Nat.* ed. 10, 1, 422. — *æneus* Rossi [1790].

Fumiers et autres matières azotées. — Frontière algérienne de la *Kroumirie* (Sedillot).

Algérie, Maroc, îles Salvages, Madère et Açores, région paléarctique, Islande, Amérique septentrionale et méridionale, Australie, Tasmanie, Nouvelle-Zélande.

Obs. Espèce presque cosmopolite, très commune en Europe, rare dans le Nord de l'Afrique.

P. punctus Grav. [1802] *Micr.* 20.

Sous les plaques de vase à demi desséchées. — *Tunis* (Vauloger), *Bulla-Regia*, *Souk-el-Arba* (Dr Normand).

Algérie, Maroc, Europe, Asie Mineure, Caucase.

P. umbratilis Grav. [1802] *Micr.* 170.

El-Fedja, Fernana (Dr Normand).

Îles Canaries, Madère et Açores; Europe, Caucase, Asie Mineure, Sibérie, Amérique septentrionale.

P. sordidus Grav. [1802] *Micr.* 196. — *sparsus* Lucas [1846].

Largement répandu en Tunisie.

Tripolitaine, Algérie, Maroc, îles Canaries, Madère et Açores, régions paléarctique et néarctique, Haute-Égypte, Transvaal, Bengale, Sikkim, Japon, Australie, Nouvelle-Zélande. — Presque cosmopolite.

P. plagiatus Fauv. [1874] *Faune gallo-rhén.* III, 448.

Largement répandu en Tunisie, surtout dans la région désertique.

Tripolitaine, Algérie.

P. alcyoneus Er. [1840] *Gen. Spec. Staphyl.* 476.

Bords des cours d'eau. — *Mateur* (J. Sahlberg), *Sidi-Tabet* (Vauloger), *Souk-el-Arba* (Dr Normand), *Teboursouk* (Dr Sicard), entre *Midès* et *Feriana*, *Tamerza* (Sedillot), *Gafsa* (Alluaud).

Algérie, Maroc, Andalousie, Sardaigne, Corse, Sicile.

P. turbatus Er. [1840] *Gen. Spec. Staphyl.* 466. — *erythropterus* Fauv. [1869] ♂.

Teboursouk (Dr Sicard), *Dj. Meghila* (Vauloger).

Algérie, Sardaigne [1].

[1] Le *P. sanguinolentus* Grav., qui viendrait s'intercaler ici, a été déjà signalé de Tebessa par le Dr Sériziat.

P. ventralis Grav. [1802] *Micr.* 174. — *proximus* Woll. [1857].

Utique (Abdoul-Kerim), *Souk-el-Arba*, *Teboursouk* (Dr Normand).

Tripolitaine (Alluaud). Algérie, Maroc, îles Canaries, Madère et Açores, Europe, îles du Cap Vert, etc. — Cosmopolite.

P. debilis Grav. [1802] *Micr.* 35. — *Fortunatus* Woll. [1865].

Camp-de-la-Santé, Fernana, Teboursouk (Dr Normand).

Algérie, Maroc, Canaries, Madère, Basse-Égypte, région paléarctique, jusqu'à la Chine boréale et au Japon, Amérique septentrionale.

P. discoïdeus Grav. [1802] *Micr.* 38.

Fernana, Tunis (Dr Normand).

Tripolitaine, Algérie, Maroc, îles Canaries et Madère, Europe, etc. — Presque cosmopolite.

P. concinnus Grav. [1802] *Micr.* 21. — *ebeninus* Grav. [1802]. — *marcidus* Woll. [1864].

Largement répandu en Tunisie.

Tripolitaine, Algérie, Maroc, îles Canaries et Madère, région paléarctique, Inde, Sikkim, Birmanie.

P. quisquiliarius Gyll. [1810] *Ins. Svec.* II, 335. — *brunnipennis* Qued. [1882].

Largement répandu en Tunisie.

Tripolitaine, Algérie, Maroc, Europe et région méditerranéenne, etc. — Presque cosmopolite.

Obs. Cette espèce varie, surtout pour la coloration des élytres.

P. fimetarius Grav. [1802] *Micr.* 175.

Aïn-Draham (Sedillot), *Souk-el-Arba, El-Fedja* (Dr Normand).

Algérie, Maroc, Europe, Caucase, Orient, Inde.

P. hesperius Fauv. [1878] in *Bull. Soc. linn. Norm.* II, 124 et *Notices ent.* vi, 44.

Aïn-Draham (Dr Normand) et frontière algérienne de la *Kroumirie* (Sedillot); *Dj. Meghila* (Vauloger).

Algérie, Maroc, Espagne méridionale, Portugal.

P. nigritulus Grav. [1802] *Micr.* 41. — *aterrimus* Grav. [1802].

Endroits humides, détritus végétaux. — Toute la Tunisie.

Tripolitaine, Algérie, Maroc, îles Canaries, Madère et Açores, régions paléarctique et néarctique, etc. — Presque cosmopolite.

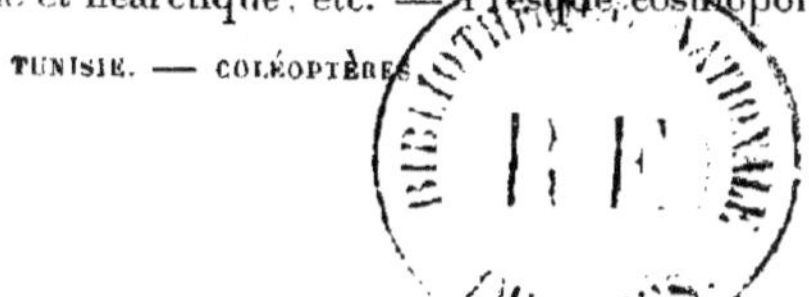

P. varius Gyll. [1810] var. **bimaculatus** Grav. [1802] *Micr.* 38.

Aïn-Draham (Sedillot), bords de la *Medjerda* (Vauloger).

Algérie, Maroc, région paléarctique[1].

P. fenestratus Fauv. [1869] in *Mém. Soc. linn. Norm.* XV, 33. — *bipustulatus* ‡ Woll.

Toute la Tunisie.

Tripolitaine, Algérie, Maroc, îles Canaries et Madère, Égypte, Europe tempérée et méridionale, Caucase.

P. stragulatus Er. [1840] *Gen. Spec. Staphyl.* 468.

Tunis (G. Doria).

Algérie, Italie, Sicile, Malte, Dalmatie, Asie Mineure.

P. longicornis Steph. [1832] *Ill. Brit.* V, 237. — *scybalarius* Nordm. [1837]. — *Algiricus* Motsch. [1858].

Toute la Tunisie.

Tripolitaine, Algérie, Maroc, îles Canaries, Madère et Açores, Europe, etc. — Cosmopolite.

P. varians Payk. [1789] var. **agilis** Grav. [1806] *Mon.* 77.

Toute la Tunisie.

Tripolitaine, Algérie, Maroc, île Madère, Abyssinie, régions paléarctique et néarctique, Chine, Japon.

Obs. Le type de l'espèce ne se trouve ni en Tunisie, ni même **peut-être** en Afrique.

P. minutus Bohem. [1844] *Ins. Caffrar.* I, 279. — *rufo-cinctus* Fauv. [1878] in *Bull. Soc. linn. Norm.* II, 126.

Tunis (Noualhier), *Dj. Reças* (J. Sahlberg), *Souk-el-Arba* (Dr Normand).

Algérie, Maroc, Espagne, Afrique tropicale, Égypte, Arabie, Inde et région indo-malaise jusqu'à Célébès.

P. albipes Grav. [1802] *Micr.* 28.

Sidi-Tabet (Vauloger).

Europe, Caucase, Asie Mineure, Sibérie.

P. virgo Grav. [1802] *Micr.* 169.

Bulla-Regia près *Souk-el-Arba* (Dr Normand).

Algérie, Maroc, Europe, Syrie.

---

[1] Le *P. fuscipennis* Mannh. (*politus* ‡ auct.) est signalé de Tebessa (Dr Sériziat).

Gen. **QUEDIUS** Steph. [1832].

Q. plancus Er. [1840] *Gen. Spec. Staphyl.* 538. — *Kraatzi* Ch. Bris. [1859].

Bords des ruisseaux. — *El-Fedja* (Sedillot).

Algérie, Espagne, Pyrénées, Provence, Corse, Sardaigne.

Q. crassus Fairm. [1860] in *Ann. Soc. ent. Fr.* [1860]. 153. — *amplicollis* Scriba [1868].

Surtout sur les arbres envahis par les chenilles. — Tout le Nord de la Tunisie.

Algérie, Espagne, Portugal, Languedoc, Provence.

Q. fulgidus Fabr. [1787] *Mant. Ins.* I, 220.

Madjoura (V. Mayet).

Algérie, îles Canaries, régions paléarctique et néarctique, etc. — Cosmopolite.

Q. scutellaris Epp. [1890] in *Wien ent. Zeitg* IX, 324.

Aïn-Draham (sec. Eppelsheim).

Algérie orientale.

Q. abietum Kiesw. [1858] in *Berlin. ent. Zeitschr.* II, 57.

Endroits boisés. — Frontière algérienne de la *Kroumirie* (Sedillot).

Algérie, Maroc, Europe méditerranéenne.

Obs. D'après les récentes observations de Xambeu (*Rev. d'Ent.* XIX, pp. 49-52), cette espèce se développe exclusivement dans les galeries d'un Termite, le *Termestes lucifugus* Rossi.

Q. cruentus Ol. [1792] *Ent.* III, gen. 42, 27, tab. 5, fig. 49.

Sous les écorces. — *Sidi-Tabet* (Vauloger), *Aïn-Draham* (Sedillot), *El-Fedja*, *Souk-el-Arba* (Dr Normand).

Algérie, Maroc, Europe, Caucase, Asie Mineure.

Q. cinctus Payk. [1790] *Mon. Carab.* (App.) 137. — *impressus* Panz. [1796].

Tunis (Vauloger), *Teboursouk* (Dr Sicard), *Aïn-Draham* (Alluaud).

Algérie, Maroc, Europe, Caucase, Asie Mineure, Mésopotamie.

Obs. Les exemplaires africains sont noirs, sans bordure rougeâtre aux élytres : ils ont parfois le bord des segments abdominaux et les pattes brunâtres.

Q. tristis Grav. [1802] *Micr.* 36.

Teboursouk (Dr Sicard); frontière algérienne de la *Kroumirie* (Sedillot).

Algérie, Europe moyenne et méridionale, Caucase, Asie Mineure.

Q. fuliginosus Grav. [1802] *Micr.* 34.

El-Fedja (Sedillot), *Aïn-Draham*, *Souk-el-Arba* (Dr Normand).

Algérie. Europe, Asie Mineure. Caucase, Sibérie occidentale.

Q. molochinus Grav. [1806] *Mon.* 46. — *pallipes* Lucas [1846].

Détritus végétaux. — Toute la Tunisie (type et variété à élytres bruns ou noirâtres).

Algérie, Maroc, régions paléarctique et néarctique.

Q. declivus Fauv. [1878] in *Bull. Soc. linn. Norm.* II, 128.

Tunis (G. Doria); frontière algérienne de la *Kroumirie* (Sedillot).

Algérie.

Q. ustus Fauv. [1878] in *Bull. Soc. linn. Norm.* II, 128.

Endroits boisés. — *Fernana* (Dr Normand), *El-Fedja* et frontière algérienne de la *Kroumirie* (Sedillot).

Algérie.

Q. præcox Grav. [1802] *Micr.* 172. — *Ernestini* Fauv. [1869].

Sidi-Tabet (Vauloger), *Bulla-Regia* (Dr Normand), *Teboursouk* (Dr Sicard), *Dj. Meghila* (Vauloger).

Algérie jusqu'à Tebessa, Maroc, Espagne, Portugal, Sardaigne, Sicile.

Q. punctifrons Fauv. [1886] in *Rev. d'Ent.* V, 59.

El-Fedja (Sedillot).

Algérie.

Q. obliteratus Er. [1840] *Gen. Spec. Staphyl.* 549.

Teboursouk (Dr Sicard), *Souk-el-Arba*, *Ghardimaou*, *Aïn-Draham* (Dr Normand) et frontière algérienne de la *Kroumirie* (Sedillot).

Algérie. Maroc. Europe. Caucase, Asie Mineure.

Q. mauro-rufus Grav. [1806] *Mon.* 56. — *acuminatus* Fairm. [1860].

Frontière algérienne de la *Kroumirie* (Sedillot).

Algérie. Maroc. Europe.

Q. scintillans Grav. [1806] *Mon.* 70.

Teboursouk (Dr Sicard).

Algérie jusqu'à Tebessa, Maroc. Europe. Asie Mineure. Caucase. Caspienne, Perse.

Q. rufipes Grav. [1802] *Micr.* 171.

El-Fedja, Bulla-Regia, Souk-el-Arba (Dr Normand), El-Kef (Sedillot), Teboursouk (Dr Sicard), Sidi-Tabet (Vauloger).

Algérie, Europe moyenne et méridionale, Orient.

Q. semiæneus Steph. [1833] *Ill. Brit.* V, 243.

Assez répandu en Tunisie.

Algérie, Maroc, Europe moyenne et méridionale, Syrie.

Q. boops Grav. [1802] *Micr.* 21.

El-Fedja et frontière algérienne de la Kroumirie (Sedillot).

Algérie, Europe, Asie Mineure, Caucase, Sibérie.

Gen. **HETEROTHOPS** Steph. [1832].

H. binotatus Grav. [1802] *Micr.* 28.

Terrains salés. — Tunis (J. J. Walker), Hammam-el-Lif (Dr Chobaut): Tozzer (Sedillot).

Algérie, Europe moyenne et méridionale, Asie Mineure.

H. dissimilis Grav. [1802] *Micr.* 125. — *minutus* Woll. [1860].

Largement répandu en Tunisie.

Algérie, Maroc, îles Canaries, Madère et du Cap Vert, Europe, Asie Mineure, Caucase, Sibérie occidentale, Abyssinie.

Gen. **EURYPORUS** Er. [1839].

E. æneiventris Lucas [1846] in *Expl. Alg.* II, 115, tab. 12, fig. 5.

Régions boisées, sous les feuilles mortes. — El-Fedja (Sedillot), Souk-el-Arba (Dr Normand).

Algérie, Maroc, Espagne, Italie, Sicile.

Gen. **ACYLOPHORUS** Nordm. [1837].

A. glaberrimus Herbst [1784] *Archiv* V, 151. — *glabricollis* Lacord. [1835].

Endroits marécageux. — Marais de Bulla-Regia (Dr Normand).

Algérie, Maroc, Europe, Caucase; États-Unis, Mexique.

Gen. **BOLETOBIUS** Mannh. [1831].

B. trinotatus Er. [1839] *Käf. Mark Brandbg* 409.

Dans les Agaricinées. — *Aïn-Draham*, *Fernana* (Dr Normand), *Kasserin* (Vau-loger).

Algérie, Europe, Caucase.

B. exoletus Er. [1839] *Käf. Mark Brandbg* 409.

Dans les Agaricinées. — *El-Fedja* (Dr Normand).

Algérie, Maroc, Europe, Caucase; Amérique septentrionale.

B. thoracicus Fabr. [1777] *Gen. Ins.* 242. — *pygmæus* Fabr. [1783]. — *luridus* Woll. [1864].

Dans les Agaricinées. — *El-Fedja* (Sedillot), *Mateur* (J. Sahlberg).

Algérie, Maroc, îles Canaries, Europe, régions paléarctique et néarctique.

Gen. **MEGACRONUS** Steph. [1832].
(*Bryocharis* Lacord.).

M. inclinans Grav. [1806] *Mon.* 33.

Endroits boisés et frais. — *Aïn-Draham* (Pic), *Fernana*, *Teboursouk* (Dr Normand).

Algérie, Europe, Asie Mineure.

Gen. **MYCETOPORUS** Mannh. [1831].

M. splendidus Grav. [1806] *Mon.* 24. — *biplagiatus* Fairm. [1860].

Teboursouk (Dr Normand) et frontière algérienne de la *Kroumirie* (Sedillot).

Algérie, Maroc, Europe, Caucase, Sibérie, Amérique septentrionale.

M. nanus Er. [1839] *Käf. Mark Brandbg* 415. — *Baudueri* Rey [1875]. — *Revelierei* Rey [1883].

Tunis (G. Doria).

Algérie, Europe, Caucase, Chypre.

Var. β. tenuis Rey [1853] ap. Muls. *Opusc. ent.* II. 67. — *Mulsanti* Ganglb. [1895].

El-Fedja, *Souk-el-Arba* (Dr Normand).

Algérie, Europe.

M. angularis Rey [1853] in *Ann. Soc. linn. Lyon* [1853], 56. — *Reyi* Pand. [1869].

Aïn-Draham et frontière algérienne de la *Kroumirie* (Sedillot).

Algérie, Maroc, Europe moyenne et méridionale, Chypre.

M. solidicornis Woll. [1864] *Cat. Col. Canar.* 559. — *adumbratus* Woll. [1865]. — *Reichei* Pand. [1869].

Nord de la Tunisie.

Algérie, Maroc, îles Canaries, Europe, Asie Mineure, Sibérie septentrionale.

M. splendens Marsh. [1802] *Ent. Brit.* 524.

Marais de *Mabtouha*, *Makteur* (Vauloger).

Algérie, Europe. Caucase, Asie Mineure.

M. clavicornis Steph. [1832] *Ill. Brit.* V, 169. — *pronus* Er. [1839].

El-Fedja (Sedillot).

Kabylie. Europe moyenne, Caucase.

Gen. **TACHINUS** Grav. [1802].

T. flavo-limbatus Pand. [1869] in *Ann. Soc. ent. Fr.* [1869], 326.

Toute la Tunisie.

Tripolitaine, Algérie, Maroc, Europe occidentale et méridionale, Égypte.

Gen. **HABROCERUS** Er. [1839].

H. capillaricornis Grav. [1806] *Mon.* 10.

Endroits boisés, sous les feuilles mortes. — *El-Fedja* (Sedillot), *Fernana* (Dr Normand), *Teboursouk* (Dr Sicard), *Tunis* (G. Doria).

Algérie, Maroc, îles Canaries et Madère, Europe. Caucase.

Obs. Rey et Ganglbauer considèrent ce genre comme formant un groupe à part (*Habrocerini*), caractérisé par l'énorme extension des hanches postérieures.

Gen. **CILEA** J. Duv. [1857].
(*Leucoparyphus* Kr.).

C. silphoïdes L. [1767] *Syst. Nat.* ed. 12, I, part. II, 684.

Dans les fumiers. — Toute la Tunisie.

Algérie. Maroc, îles Canaries, Madère et du Cap Vert, régions paléarctique et néarctique, etc. — Presque cosmopolite.

Gen. **TACHYPORUS** Grav. [1806].

T. pictus Fairm. [1852] in *Ann. Soc. ent. Fr.* [1852], 71, tab. 3, fig. 9.

Sous les pierres, avec une petite Fourmi noire à larve rougeâtre. — *Djedeïda* (Pic), *Tunis* (G. Doria), *El-Aala* au SO de *Kairouan* (Vauloger).

Algérie. Espagne, Sicile.

T. solutus Er. [1840] *Gen. Spec. Staphyl.* 236. — *discus* Reiche [1856].

Nord de la Tunisie.

Algérie, Maroc, Europe, Caucase, Syrie, Sibérie occidentale.

T. hypnorum Fabr. [1775] *Syst. Ent.* 266.

Nord de la Tunisie.

Algérie, Maroc, région paléarctique, Sind, Kashmir; Mexique, etc. (importé?).

T. atriceps Steph. [1832] var. **signifer** Pand. [1869] in *Mém. Soc. linn. Normand.*
XV, 32.

Massifs boisés. — *El-Fedja, Aïn-Draham, Fernana* (Dr Normand).

Algérie, ?Maroc.

Obs. La var. *signifer* paraît spéciale au Nord de l'Afrique; le type de l'espèce
est très répandu en Europe.

T. pusillus Grav. [1806] *Mon.* 9.

Toute la Tunisie.

Tripolitaine, Algérie, Maroc, îles Canaries, Europe, Caucase, Sibérie, Syrie,
Égypte.

T. nitidulus Fabr. [1781] *Sp. Ins.* I, 337. — *brunneus* Fabr. [1792].

Assez répandu en Tunisie.

Tripolitaine, Algérie, Maroc, îles Canaries, Madère et Açores, région paléarctique, Amérique septentrionale et centrale.

Gen. **CONOSOMUS** Motsch. [1857].

(*Conurus* ‖ Steph., *Conosoma* Kr.).

C. testaceus Fabr. [1792] *Ent. Syst.* I, part. II, 535. — *pubescens var.* Payk. [1789].

Toute la Tunisie.

Algérie, Maroc, îles Canaries, Madère et Açores, régions paléarctique et néarctique, Abyssinie, Chine.

Var. β. **immaculatus** Steph. [1832] *Ill. Brit.* V, 190.

Fernana (Dr Normand).

Barbarie, Europe, Caucase, Chypre.

C. pedicularius Grav. [1802] *Micr.* 133. — (Var.) *lividus* Er. [1840].

Assez répandu en Tunisie.

Algérie, Maroc, région paléarctique.

C. monticola Woll. [1854] *Ins. Mader.* 556. — *Lethierryi* Pand. [1869].

Aïn-Draham, *Fernana* (D' Normand), *Teboursouk* (D' Sicard), îles *Kerkenna* (V. Mayet).

Algérie, Maroc, îles Canaries et Madère, Portugal, Espagne, Alpes-Maritimes, Piémont.

Gen. **HYPOCYPTUS** Mannh. [1831].

H. megalomerus Fauv. [1898] in *Rev. d'Ent.* XVII, 101.

Teboursouk (D' Sicard).

Algérie orientale.

H. unicolor Rosh. [1856] *Thiere Andal.* 68.

Détritus végétaux. — Tout le Nord de la Tunisie, jusqu'à *Teboursouk* (D' Sicard): *Sfax* (Vauloger).

Algérie, Maroc, Espagne, Sardaigne.

H. apicalis Ch. Bris. [1863] ap. Grenier *Matér.* 3o.

Endroits boisés. — *Fernana* (Pic).

Algérie, Maroc, Europe occidentale, Sardaigne, Wurtemberg.

H. seminulum Er. [1839] *Käf. Mark Brandbg* 389.

Bulla-Regia, Souk-el-Arba (D' Normand), *Teboursouk* (D' Sicard).

Algérie, Europe, Caucase, Sibérie occidentale.

H. ovulum Heer [1839] *Fauna Helv.* 285.

Détritus végétaux. — *El-Fedja, Aïn-Draham* (Sedillot), *Fernana, Bulla-Regia, Souk-el-Arba* (D' Normand), *Tunis* (D' Sicard).

Algérie orientale, Europe, Caucase.

H. læviusculus Mannh. [1831] *Brach.* 58.

Fernana (D' Normand).

Algérie, Maroc, Europe, Sibérie, Amérique septentrionale.

TRIB. VII. **GYROPHÆNINI.**

Gen. **GYROPHÆNA** Mannh. [1831].

G. bihamata Thoms. [1867] in *Öfv. Vet. Akad. Förh.* [1867], 46.

El-Fedja (D' Normand).

Algérie, Europe, Caucase, Anatolie, Sibérie, Amérique septentrionale.

G. affinis Sahlb. [1831] *Diss. Ins. Fenn.* I, 383.

El-Fedja, Aïn-Draham (Dr Normand).

Europe, Caucase, Anatolie, Sibérie, Amérique septentrionale.

G. aspera Fauv. [1875] *Faune gallo-rhén.* III, 644.

Dans les Agaricinées. — *El-Fedja, Aïn-Draham, Souk-el-Arba* (Dr Normand).

Algérie, Corse, Péninsule Ibérique.

TRIB. VIII. **ALEOCHARINI.**

Gen. **MYLLÆNA** Er. [1837].

M. intermedia Er. [1837] *Käf. Mark Brandbg* 383. — *fuscula* Woll. [1867].

Aïn-Draham (Alluaud).

Algérie, Maroc, îles du Cap Vert, Europe, Caucase, Syrie; Australie, Nouvelle-Calédonie.

M. gracilicornis Fairm. [1859] in *Ann. Soc. ent. Fr.* [1859], 39. — *incisa* Rey [1873].

Bizerte (Vauloger), *Teboursouk* (Dr Sicard).

Algérie, Maroc, Espagne, Languedoc, Provence, Sicile.

M. Kraatzi Sharp [1871] *Cat. Brit. Col.* 10 (nomen nudum). — *elongata* ‡ Kr. (nec Matth.). — *glauca* ‡ Rye (nec Aubé).

Souk-el-Arba, Fernana (Dr Normand).

Algérie, Maroc, Espagne, France, Grande-Bretagne.

M. brevicornis Matth. [1838] in *Ent. Mag.* V, 196.

Aïn-Draham (Sedillot).

Algérie, Maroc, Europe.

M. Graeca Kr. [1858] in *Berlin. ent. Zeitschr.* II, 54.

El-Fedja, Fernana (Dr Normand).

Algérie, Maroc, Corse, Grèce.

Gen. **OLIGOTA** Mannh. [1831].

O. inflata Mannh. [1831] *Brach.* 72.

Tunis (G. Doria).

Algérie, Maroc, Europe, Caucase, Caspienne; États-Unis.

Obs. Les exemplaires tunisiens ont souvent le prothorax et les élytres testacés.

O. punctulata Heer [1839] *Fauna Helv.* 313.

Souk-el-Arba, Bulla-Regia (Dr Normand), *Teboursouk* (Dr Sicard).

Algérie, Maroc, île Madère, Europe.

O. parva Kr. [1862] in *Berlin. ent. Zeitschr.* VI, 300 (nomen nudum). — *pygmæa* ‖ Kr. [1858]. — *contempta* Woll. [1867]. — *aliena* Rey [1873]. — *variegata* Blackb. [1885]. — *inflata* ‡ Woll. (nec Mannh.).

Aïn-Draham, Fernana. Souk-el-Arba (Dr Normand).

Algérie, Maroc. Madère, îles du Cap Vert. Sénégal, Congo français. Europe, Amérique du Nord et du Sud, îles Hawaï.

O. pusillima Grav. [1806] *Mon.* 175.

Assez répandu en Tunisie.

Algérie. Maroc, île Madère, Europe. Caucase. Orient: Amérique septentrionale.

O. pumilio Kiesw. [1858] in *Berlin. ent. Zeitschr.* II, 53.

Fernana, Souk-el-Arba, Bulla-Regia (Dr Normand), *Tunis* (G. Doria). *Sfax* (Vauloger).

Algérie, Maroc. Madère. Europe moyenne et méridionale. Syrie: Amérique septentrionale; Chili.

Gen. PLACUSA Er. [1837].

P. pumilio Grav. [1802] *Micr.* 98.

Sous l'écorce des arbres. — *Souk-el-Arba* (Dr Normand).

Algérie, Europe, Caucase, Sibérie.

Gen. ATHETA Thoms. [1859].
(Homalota ‡ auct.)

Sect. I. Coprothassa Thoms.

A. sordida Marsh. [1802] *Ent. Brit.* 514.

Toute la Tunisie.

Tripolitaine, Algérie. Maroc. îles Canaries. Madère et Açores. Europe, etc. — Cosmopolite.

A. nigerrima Aubé [1850] in *Ann. Soc. ent. Fr.* [1850], 308. — *æthiops* Woll. [1864]. — *carbunculus* Woll. [1867]. — *exsecrabilis* Woll. [1867].

Tout le Nord de la Tunisie; *Teboursouk* (Dr Normand), *El-Aala* au SO de *Kairouan, Sfax* (Vauloger).

Algérie, Maroc, îles Canaries et du Cap Vert. Europe méridionale. Sibérie orientale. Turkestan. Aden. Haute-Égypte.

A. parva Sahlb. [1831] *Diss. Ins. Fenn.* I, 380. — *stercoraria* Kr. [1856]. — *muscorum* Ch. Bris. [1860].

Bouses desséchées. — *Aïn-Draham* (Sedillot), *El-Fedja, Ghardimaou, Souk-el-Arba* et environs (D' Normand), *Teboursouk* (D' Sicard).

Algérie, Maroc, régions paléarctique et néarctique, Congo.

A. fuscipes Heer [1839] *Fauna Helv.* 323.

Aïn-Draham (Sedillot).

Maroc. Europe moyenne et méridionale.

A. melanaria Mannh. [1831] *Brach.* 70. — *tenera* Sahlb. [1831].

Souk-el-Arba, Bulla-Regia (D' Normand), *Teboursouk* (D' Sicard).

Algérie. Maroc, Europe, Caucase, Sibérie.

A. pulchra Kr. [1856] *Naturg. Ins. Deutschl.* II, 321. — *montivagans* Woll. [1857]. — *clientula* ‡ Ganglb. (nec Er.) — (Var.) *hæmatica* Epp. [1884].

Fernana (D' Normand), *Teboursouk* (D' Sicard), *Tunis* (G. Doria), *Hammam-el-Lif* (J. Sahlberg). *Zaghouan* (Pic). *Sousse* (Noualhier), *Oued Leben* (V. Mayet).

Algérie, Maroc, île Madère. Europe et région méditerranéenne, Caucase.

A. Mayeti Fauv. [1898] in *Rev. d'Ent.* XVII, 102.

Région désertique. — *Dj. Hattig* au NO de *Gafsa, Bled Thala* (V. Mayet).

Espèce connue seulement de Tunisie.

A. parens Rey [1852] ap. Muls. *Opusc.* I, 44.

El-Fedja, Camp-de-la-Santé (D' Normand); *Bled Thala* (Vauloger).

Algérie, Europe, Caucase.

A. pellucida Fauv. [1878] *Notices ent.* VI, 57.

Fernana, Souk-el-Arba (D' Normand), *Teboursouk* (D' Sicard), *Tunis* (G. Doria). *Sfax* (Vauloger), *Gafsa* (Alluaud), *Tozzer* (Abdoul-Kerim). *Gabès* (D' Sicard).

Tripolitaine, Algérie. Maroc, Espagne méridionale.

A. fungi Grav. [1806] *Mon.* 157. — *clientula* Er. [1840]. — *aleocharoïdes* Woll. [1864].

Toute la Tunisie.

Algérie, Maroc, îles Canaries et du Cap Vert, régions paléarctique et néarctique, Abyssinie. Nouvelle-Zélande.

A. parvula Mannh. [1831] *Brach.* 84. — *canta* Er. [1837]. — *spreta* Fairm. [1856].

Souk-el-Arba, Fernana (D' Normand).

Algérie. Europe, Caucase. Syrie.

Sect. II. *Chætida* Rey.

A. longicornis Grav. [1806] *Mon.* 157. — *socialis* Lucas [1846].

Toute la Tunisie.

Algérie, Maroc, île Madère, région paléarctique jusqu'en Mongolie.

A. zosteræ Thoms. [1856] *Öfv. Vet. Akad. Förh.* [1856], 103. — *nigra* Kr. [1856].

El-Fedja, Souk-el-Arba (Dr Normand), *Teboursouk* (Dr Sicard).

Algérie, Maroc, îles Canaries et Açores, région paléarctique.

A. atramentaria Gyll. [1810] *Ins. Svec.* II, 408.

Toute la Tunisie.

Tripolitaine, Algérie, Maroc, îles Canaries, Madère et Açores, Islande, région paléarctique, Japon, Chine méridionale.

A. marcida Er. [1837] var. sexualis Fauv. [1900] in *Rev. d'Ent.* XVIII [1899], 98.

Parmi les mousses, en hiver. — *Aïn-Draham* (Dr Normand).

Obs. La forme *sexualis*, qui diffère du type par les caractères sexuels secondaires du mâle, n'est connue que de Kroumirie, tandis que le type de l'espèce se trouve dans l'Europe moyenne et jusqu'en Sardaigne.

Sect. III. *Dochmonota* Thoms.

A. inquinula Grav. [1802] *Micr.* 78.

Bouses à moitié desséchées. — *Fernana, Souk-el-Arba, Bulla-Regia* (Dr Normand).

Algérie, Maroc, Europe, Caucase.

A. mortuorum Thoms. [1867] *Skand. Col.* IX, 281. — *atricolor* Sharp [1869].

Souk-el-Arba (Dr Normand), *Hammam-el-Lif* (J. Sahlberg).

Algérie, Europe moyenne, Caucase.

A. amicula Steph. [1832] *Ill. Brit.* V, 132. — *subsericea* Woll. [1864].

Toute la Tunisie.

Algérie, Maroc, îles Canaries et Açores, Europe et bassin méditerranéen, Caucase, Sibérie occidentale; Nouvelle-Zélande.

A. aureola Fauv. [1898] in *Rev. d'Ent.* XVII, 102.

Sous la vase desséchée. — *Bizerte* (Vauloger), *Hammam el-Lif* (Dr Normand).

Algérie : Tebessa (J. Sahlberg).

A. Normandi Fauv. [1900] in *Rev. d'Ent.* XIX, 59.

Ghardimaou, Souk-el-Arba (D' Normand).

Espèce connue seulement de Tunisie.

A. minor Aubé [1863] ap. Grenier *Matér.* 26. — *postica* Rey [1874].

El-Fedja (D' Normand).

Algérie, Maroc, Provence, Corse, Chypre, Syrie.

A. oblita Er. [1840] *Gen. Spec. Staphyl.* 112.

Fernana, Souk-el-Arba, Teboursouk (D' Normand).

Algérie, Maroc. Europe moyenne et méridionale, Chypre.

A. nigritula Grav. [1802] *Micr.* 85.

Bizerte (Vauloger). *El-Fedja* (D' Normand) et frontière algérienne de la *Krou-mirie* (Sedillot).

Algérie, Maroc. Europe, Caucase.

A. opacicollis Fauv. [1878] *Notices ent.* VI, 60.

Surtout dans les contrées désertiques. — *Tunis* (G. Doria); *Sfax* (Vauloger). *Madjoura* (V. Mayet). *Gabès* (D' Sicard).

Algérie, Égypte. Mésopotamie.

A. coriaria Kr. [1856] *Naturg. Ins. Deutschl.* II, 282. — *subcoriaria* Woll. [1864].

Aïn Draham, Bulla-Regia (D' Normand), *Bizerte* (Vauloger). *Tunis* (G. Doria). *Sousse* (Pic); *Tozzer* (D' Chobaut).

Algérie, Maroc, îles Canaries, Madère, Açores, du Cap Vert et Sainte-Hélène. Europe, etc. — Espèce cosmopolite.

A. trinotata Kr. [1856] *Naturg. Ins. Deutschl.* II, 272.

Dj. Djidjil au Sud de *Maktar* (Vauloger).

Algérie, Maroc. Europe, Asie Mineure, Nord de la Perse.

A. crassicornis Fabr. [1792] *Ent. Syst.* I, part. II, 529. — *sericans* Grav. [1806].

Aïn-Draham (Sedillot). *El-Fedja* (D' Normand) et frontière algérienne de la *Kroumirie* (Sedillot).

Algérie, Europe, Asie Mineure, Caucase, Sibérie boréale.

A. nigricornis Thoms. [1852] in *Öfv. Vet. Akad. Forh.* [1852]. 142.

Bizerte (D' Sicard).

Algérie, Europe, Sibérie.

A. bihamata Fauv. [1900] in *Rev. d'Ent.* XIX, 60.

Tunis (Vauloger), *Souk-el-Arba* (Noualhier).

Corse.

OBS. L'*A. ravilla* Er. n'a pas été trouvé en Tunisie: les insectes de Tunis et de Bizerte cités sous ce nom par Fauvel (*Rev. d'Ent.* XVI, 331) se rapportent l'un à l'*A. bihamata* Fauv., l'autre à l'*A. nigricornis* Thoms.

A. Africana Fauv. [1898] in *Rev. d'Ent.* XVII, 102.

Fernana (Dr Normand), *Teboursouk* (Dr Sicard).

Algérie, Maroc.

A. Pertyi Heer [1839] *Fauna Helv.* 329. — *Waterhousei* Woll. [1864]. — *terricola* Woll. [1864]. — *æneicollis* Sharp [1869].

Toute la Tunisie.

Algérie, Maroc, îles Canaries et Açores, Europe moyenne et méridionale. Transcaucasie, etc.

A. meridionalis Rey [1853] ap. Muls. *Opusc.* II, 38.

Bords des eaux salées. — *Bulla-Regia, Souk-el-Arba* (Dr Normand). *Bizerte* (Vauloger), environs de *Mateur* (J. Sahlberg), environs de *Tunis* (G. Doria).

Algérie, Maroc, Europe littorale, région méditerranéenne, Lenkoran.

A. cava Fauv. [1875] *Faune gallo-rhén.* III, 738.

Ghardimaou, Fernana, Souk-el-Arba (Dr Normand), *Tunis* (G. Doria), *Sfax* (Vauloger).

Algérie, Maroc, Espagne, Portugal, Corse, Sicile, France, Mecklembourg; Perse septentrionale.

A. soror Kr. [1856] *Naturg. Ins. Deutschl.* II, 257.

Aïn-Draham (Sedillot), *Fernana, Bulla-Regia* près *Souk-el-Arba, Teboursouk* (Dr Normand), *El-Aala* au SO de *Kairouan* (Vauloger).

Algérie, Maroc, Europe, région méditerranéenne, Caucase.

A. analis Grav. [1802] *Micr.* 76. — *tantilla* Woll. [1854].

Bizerte (Vauloger), *Bulla-Regia* (Dr Normand), *Teboursouk* (Dr Sicard); *Gafsa* (Sedillot).

Algérie, Maroc, île Madère, régions paléarctique et néarctique, Nouvelle-Zélande.

A. tabida Kiesw. [1850] in *Ent. Zeitg* (Stettin) XI, 219. — *testacea* Ch. Bris. [1863].

Bords de la mer. — Îles *Kerkenna* (Vauloger).

Malte, Sardaigne, Piémont, France, Grande-Bretagne.

A. atricilla Er. [1840] *Gen. Spec. Staphyl.* 101. — *flavipes* Thoms. [1861]. — *halo-brechta* Sharp [1869].

Bords de la mer. — Lac de *Bizerte* (Vauloger), environs de *Tunis* (G. Doria).

Algérie, Maroc, îles Açores, Europe[1].

A. Linderi Ch. Bris. [1863] ap. Grenier *Matér.* 24. — *heterogastra* Epp. [1875]. — *Algirica* Fauv. [1898] in *Rev. d'Ent.* XVII, 103.

Teboursouk (D' Sicard).

Algérie, Espagne, Pyrénées, Ligurie, Sardaigne.

A. triangulum Kr. [1856] *Naturg. Ins. Deutschl.* II, 273.

Aïn-Draham (Alluaud), *Fernana*, *El-Fedja*, *Teboursouk* (D' Normand), *Tunis* (G. Doria), *Hammam-el-Lif* (Sonthonnax).

Algérie, Maroc, Europe méridionale et moyenne jusqu'à la Baltique, Caucase, Syrie; îles Saint-Pierre et Miquelon.

A. vicina Steph. [1832] *Ill. Brit.* V, 116. — *umbonata* Er. [1840].

Toute la Tunisie.

Algérie, Maroc, Europe, Caucase, Asie Mineure, Sibérie occidentale.

A. oraria Kr. [1856] *Naturg. Ins. Deutschl.* II, 209. — *cristata* Motsch. [1858].

Aïn-Draham, *Fernana*, *Souk-el-Arba*, *Teboursouk* (D' Normand), *Tunis* (Alluaud), *Dj. Meghila* (Vauloger).

Algérie, Europe méridionale et moyenne, Asie Mineure, Perse méridionale; Californie.

Sect. IV. Liogluta Thoms.

A. elongatula Grav. [1802] *Micr.* 79.

Aïn-Draham (Sedillot), *Fernana*, *Souk-el-Arba* (D' Normand), *Teboursouk* (D' Sicard), *Bizerte*, *Dj. Meghila* (Vauloger).

Algérie, Maroc, Europe, Perse septentrionale, Sibérie.

A. longula Heer [1839] *Fauna Helv.* 334. — *Maderæ* Woll. [1871].

Ras-el-Aïoun (Sedillot), *Gabès* (Alluaud).

Algérie, Maroc, îles Canaries, Madère et Açores, Europe.

Sect. V. Alocosota Thoms.

A. Cambrica Woll. [1855] in *The Zoolog.* [1855], App. p. 205. — *velox* Kr. [1856]. — *Egyptiaca* Motsch. [1858]. — *annigena* var. *Maderensis* Woll. [1865].

El-Fedja (Sedillot), inondations de la *Medjerda* à *Souk-el-Arba*, *Hammam-el-Lif* (D' Normand).

Algérie, Maroc, île Madère, Europe méridionale et moyenne, Caucase, Perse méridionale, Égypte.

---

[1] Ici viendrait se placer l'*A. æquicentris* Epp. [1889], connu seulement de Tripoli.

A. sulcifrons Steph. [1832] *Ill. Brit.* V, 121. — *pavens* Er. [1839]. — *obliquepunctata* Woll. [1854].

·*El-Fedja* (Sedillot).

Algérie, Maroc, îles Madère et Açores, Europe, Syrie; Australie, Nouvelle-Zélande, Amérique septentrionale.

A. gregaria Er. [1840] *Gen. Spec. Staphyl.* 87.

Toute la Tunisie.

Tripolitaine, Algérie, Maroc, Europe et région méditerranéenne.

Gen. **GEOSTIBA** Thoms. [1859].

G. cæsula Er. [1840] *Gen. Spec. Staphyl.* 97. — *Quedenfeldti* Epp. [1884].
Sebkha El-Sedjoum près *Tunis* (J. Sahlberg); *Sfax* (Vauloger).
Algérie, Maroc, Europe et région méditerranéenne, Perse septentrionale.

G. Dayensis Fauv. [1878] *Notices ent.* vi, 77.
Fernana, Souk-el-Arba (Dʳ Normand), *Teboursouk* (Dʳ Sicard).
Algérie.

G. muscicola Woll. [1864] *Cat. Col. Canar.* 535. — *plicatella* Fauv. [1878] *Notices ent.* vi, 77. — *Heydeni* Epp. [1882].
Tunis (Noualhier), *El-Fedja* (Dʳ Normand), *Kessera* (Vauloger).
Algérie, Maroc, île de Canaria, Andalousie, Piémont, Toscane, Sardaigne, Sicile, Malte.

Gen. **SCHISTOGLOSSA** Kr. [1856].

Sect. *DILACRA* Thoms.

S. pruinosa Kr. [1856] *Naturg. Ins. Deutschl.* II, 228. — *persimilis* Woll. [1864]. — *Fleischeri* Epp. [1892].
Mateur (J. Sahlberg), *Tunis* (G. Doria), *Teboursouk* (Dʳ Normand), marais de *Gilma* (Vauloger).
Algérie, Maroc, île de Tenerife, Syrie, Grèce, Italie, Autriche, Provence, Angleterre.

Gen. **ANOMOGNATHUS** Sol. [1849].
(*Thectura* Thoms.).

A. suturalis Fauv. [1898] in *Rev. d'Ent.* XVII, 105.
El-Fedja (Dʳ Normand).
Algérie occidentale.

Gen. **DAYA** Fauv. [1878].

D. seriata Fauv. [1878] *Notices ent.* VI, 67.

Teboursouk (D' Normand).

Algérie, Maroc.

Gen. **ALEUONOTA** Thoms. [1859].
(*Liota* Rey).

A. atricapilla Rey [1852] ap. Muls. *Opusc.* I, 21. — *rufo-testacea* Kr. [1866].

Souk-el-Arba, Teboursouk (D' Normand), *Tunis* (G. Doria).— Île de *Pantelleria* (D' Gestro).

Algérie, Europe, Syrie.

Gen. **ALIANTA** Thoms. [1861].

Sect. I.

A. Brucki Epp. [1876] in *Ent. Zeitg* (Stettin) XXXVII, 429. — *porosa* Fauv. [1886].

Zarzis (D' Sicard).

Algérie, Andalousie.

Obs. Un *Alianta* pris à Teboursouk par le docteur Sicard et cité par A. Fauvel (*Rev. d'Ent.* XVI. 340) sous le nom de *Brucki* appartiendrait, d'après ce dernier (in litt.), à une espèce différente.

Sect. II. *Heterota* Rey.

A. plumbea Waterh. [1858] in *The Zoolog.* [1858], 6074. — *trogophlœoides* Woll. [1864].

Bords de la mer. — Cap *Kamart* (J. Sahlberg); îles *Kerkenna* (Vauloger).

Algérie, Maroc, îles Canaries, Europe, Égypte.

Gen. **GNYPETA** Thoms. [1861].

G. carbonaria Mannh. [1831] *Brach.* 75. — *labilis* Er. [1839].

Souk-el-Arba, Bulla-Regia, Teboursouk (D' Normand), *Zaghouan* (J. Sahlberg), *Kairouan* (Alluaud).

Algérie, Maroc, Europe et région méditerranéenne, Perse septentrionale.

Gen. **TACHYUSA** Er. [1837].

Sect. I. *Brachyusa* Rey.

T. raptoria Woll. [1854] *Ins. Mader.* 542.

Bords des eaux. — *Souk-el-Arba* (D' Normand); *Gabès* (Alluaud).

Îles Canaries et Madère, Andalousie, Italie.

Sect. II.

T. umbratica Er. [1837] *Käf. Mark Brandbg* 310.

Endroits humides. — *El-Fedja, Aïn-Draham* (Sedillot).

Algérie, Europe.

Sect. III. *TACHYUSA* s. str.

T. ventralis Fauv. [1898] in *Rev. d'Ent.* XVII, 106.

Bords des cours d'eau. — *Tunis* (Lethierry), *Djedeïda* (J. Sahlberg), *Teboursouk, Souk-el-Arba* (D<sup> Normand); *Gabès* (Noualhier).

Algérie, Sicile, Corse.

T. ferialis Er. [1840] *Gen. Spec. Staphyl.* 71.

Bords des cours d'eau. — Toute la Tunisie.

Tripolitaine, Algérie, Maroc, Europe méridionale.

Gen. **MYRMECOPORA** Saulcy [1865].

Sect. I. *XENUSA* Rey.

M. uvida Er. [1840] *Gen. Spec. Staphyl.* 916.

Bords de la mer. — *Tunis*, île de *Djamour, Sfax* (V. Mayet), îles *Kerkenna* (Vauloger), *Gabès, Zarzis* (D<sup> Sicard).

Algérie, Maroc, Europe occidentale et région méditerranéenne.

M. sulcata Kiesw. [1850] in *Ent. Zeitg* (Stettin) XI, 218.

Bords de la mer. — *Bizerte* (Vauloger), cap *Kamart* (J. Sahlberg); îles *Kerkenna* (Vauloger).

Algérie, Maroc, Europe moyenne et méridionale.

Sect. II. *ILYUSA* Rey.

M. laesa Er. [1840] *Gen. Spec. Staphyl.* 73.

Littoral. — Ancien port de *Carthage* (Vauloger).

Algérie, Maroc, Espagne, Provence, Sardaigne, Sicile.

M. fugax Er. [1840] *Gen. Spec. Staphyl.* 74. — *lata* Saulcy [1865].

Teboursouk (D<sup> Normand).

Europe méridionale (Gascogne, littoral de la Méditerranée).

8.

Gen. **FALAGRIA** Mannh. [1831].

F. nævula Er. [1840] *Gen. Spec. Staphyl.* 55. — *formosa* Rosh. [1856].
Endroits humides. — Assez répandu en Tunisie.
Algérie, Maroc, Andalousie, Égypte, Chypre, Syrie, Perse.

F. desertorum Fauv. [1898] in *Rev. d'Ent.* XVII, 106.
Région désertique. — *Sfax* (Vauloger), *Gafsa, Oued Seldja* (Alluaud).
Algérie.

F. sulcata Payk. [1789] *Mon. Staphyl.* 32.
Détritus végétaux. — Assez répandu en Tunisie.
Algérie, Maroc, Europe, Caucase, Perse, Syrie.

F. splendens Kr. [1858] in *Berlin. ent. Zeitschr.* II, 49. — *picicornis* Rey [1875].
Mateur (J. Sahlberg), *Teboursouk* (Dʳ Sicard).
Algérie, Espagne, Corse, Sicile, Grèce, Hongrie, Turquie, Caucase, Syrie,
Abyssinie.

F. obscura Grav. [1802] *Micr.* 74.
Détritus végétaux. — Toute la Tunisie.
Algérie, Maroc, îles Canaries, Madère et Açores, région paléarctique.

Gen. **TOMOGLOSSA** Kr. [1856].

T. luteicornis Er. [1837] *Käf. Mark Brandbg* 332. — (Var.) *læta* Epp. [1884].
Bulla-Regia près *Souk-el-Arba* (Dʳ Normand); *Gabès* (Noualhier).
Algérie, Maroc, France, Prusse, Ligurie, Corse, Dalmatie, Caucase, îles du
Cap Vert.
Obs. Les exemplaires provenant de Gabès appartiennent les uns au type de
l'espèce, les autres à une variété claire qui se rapproche de la var. *læta* Epp.

Gen. **NOTOTHECTA** Thoms. [1858].
(*Kraatzia* Saulcy).

N. lævicollis Rey [1853] ap. Muls. *Opusc.* II, 42.
Sous les pierres avec les Fourmis du genre *Aphænogaster*. — *Kessera* (Sedillot),
Gafsa (Abdoul-Kerim).
Algérie, Maroc, Espagne, Languedoc, Provence.

N. inflata Fauv. [1869] in *Mém. Soc. Linn. Norm.* XV, 31.
Tunis (G. Doria), *Teboursouk* (Dʳ Sicard), *Fernana, Souk-el-Arba* (Dʳ Normand).
Algérie, Sicile.

Gen. **APTERANILLUS** Fairm. [1854].

A. Foreli Wasm. [1890] in *Deutsche ent. Zeitschr.* [1890], 318, tab. 2, fig. 1.

Avec les *Aphænogaster subterraneus* var. *croceoides* For. et *A. testaceo-pilosus* Lucas. — *Beja* (Dr Forel), *Teboursouk* (Dr Normand), marais de *Mabtouha* (Vauloger).

Espèce connue seulement de Tunisie.

Gen. **ASTILBUS** Steph. [1832].
(*Drusilla* ‖ Mannh.).

A. memnonius Märk. [1844] ap. Germ. *Zeitschr.* V, 199. — *tristis* Lucas [1846].

Sous les pierres. — Nord et Hauts-Plateaux.

Algérie, Sicile.

Gen. **ZYRAS** Steph. [1833].

Sect. I. *Zyras* s. str.

Z. Haworthi Steph. [1833] *Ill. Brit.* V, 126, tab. 26, fig. 3.

Endroits frais et herbeux. — *Aïn-Draham* (Pic).

Algérie, Europe méridionale et moyenne.

Sect. II. *Myrmedonii* Er.

Z. erraticus Hagens [1863] in *Jahresber. nat. Ver. Elberfeld* [1863], 126. — *mustela* Rottenb. [1870]. — *Ehlersi* Epp. [1884].

Espèce myrmécophile[1]. — *Aïn-Draham* (Pic), *Sheïtla* (Vauloger).

Algérie, Maroc, Espagne, Sicile, France moyenne et méridionale, provinces Rhénanes, Autriche.

Sect. III. *Myrmoecia* Rey.

Z. mamillatus Fauv. [1878] *Notices ent.* vi, 72.

Espèce myrmécophile. — Plateau de *Kessera* (Vauloger).

Algérie.

Z. physogaster Fairm. [1860] in *Ann. Soc. ent. Fr.* [1860], 150. — *hippocrepis* Sauley [1863].

Espèce myrmécophile[2]. — *El-Fedja* (Sedillot), *Aïn-Draham* (Peyerimhoff), *Teboursouk* avec une Fourmi noire (Dr Normand), *Kessera* (Sedillot).

Algérie, Espagne, Portugal, France méridionale et moyenne, Sicile.

---

[1] En Europe, elle a été trouvée par Hagens avec le *Tapinoma erraticum* Latr.
[2] Signalée aussi des fourmilières du *Tapinoma erraticum*.

Z. hamulatus Fauv. [1878] *Notices ent.* vi, 73.

Espèce myrmécophile. — *Fernana*, *Teboursouk* (Dr Normand).

Algérie.

Z. læviusculus Fauv. [1878] *Notices ent.* vi, 74.

Souk-el-Arba (Dr Normand), plateau de *Kessera* (Vauloger).

Algérie.

Obs. Le genre *Zyras*, qui compte actuellement 14 espèces connues d'Algérie, en a sans doute plus de six en Tunisie; il est bien probable, notamment, qu'on y trouvera le *Z. rigidus* Er., répandu dans les trois départements algériens et déjà signalé de Khoms, en Tripolitaine. — Les mœurs très spéciales de ces Insectes, qui ne sortent guère des fourmilières, expliquent suffisamment leur apparente rareté.

Gen. **PHYTOSUS** Curt. [1838].

P. spinifer Curt. [1838] *Brit. Ent.* XV, 718 (mare excepto). — *dimidiatus* Woll. [1865].

Plages maritimes. — *Sousse* (Sedillot).

Algérie, Maroc, Canaries orientales, Sénégal, Europe occidentale, Languedoc, littoral de l'Adriatique, Sicile.

P. Balticus Kr. [1859] in *Berlin. ent. Zeitschr.* III, 52.

Plages maritimes. — *Hammam-el-Lif* (Dr Normand).

Algérie, Maroc, îles Madère et Canaries, littoral de la Méditerranée, de l'Océan, de la mer du Nord et de la Baltique.

P. nigriventris Chevr. [1843] in *Rev. Zool.* [1843], 42. — *minyops* Woll. [1864].

Plages maritimes. — *Sousse* (Noualhier).

Algérie, Maroc, Canaries orientales, Europe occidentale.

Gen. **BOLETOCHARA** Mannh. [1831].

B. lucida Grav. [1802] *Micr.* 70. — *elegans* Fairm. [1852].

Cryptogames des bois morts. — *Aïn-Draham* (Sedillot), *Fernana* (Dr Normand).

Algérie, Europe moyenne et méridionale, Caucase.

Obs. Les exemplaires africains ont le pronotum rougeâtre, les élytres en majeure partie d'un noir de poix et les tibias un peu enfumés.

B. humeralis Lucas [1846] in *Expl. Alg.* II, 100, tab. 11, fig. 10. — *festiva* Saulcy [1866].

Cryptogames des bois morts. — *Aïn-Draham*, *El-Fedja*, *Ghardimaou* (Dr Normand) et frontière algérienne de la *Kroumirie* (Sedillot).

Espagne (sec. Eppelsheim in *Cat. Col. Eur. et Armen.* 1891, p. 192).

Gen. **SIPALIA** Rey [1853].
(Leptusa Kr.).

S. hæmorrhoïdalis Heer [1839] *Fauna Helv.* 332. — *pallipes* Lucas [1846].

El-Fedja (Sedillot), *Aïn-Draham* (Dr Normand).

Algérie, Europe moyenne et méridionale, Sibérie, Amérique septentrionale.

S. Myrmidon Fairm. [1860] in *Ann. Soc. ent. Fr.* [1860], 151.

Souk-el-Arba (Dr Normand).

Algérie orientale.

Obs. On ne connaît encore que deux individus de cette espèce, l'un d'Algérie, l'autre de Tunisie.

Gen. **AUTALIA** Steph. [1832].

A. impressa Ol. [1795] *Ent.* III, gen. 42, 23, tab. 5, fig. 41.

El-Fedja, Aïn-Draham (Dr Normand).

Algérie, Europe septentrionale et moyenne.

Gen. **PHLŒOPORA** Er. [1837].

P. corticalis Grav. [1802] *Micr.* 76. — *corticina* Woll. [1864].

Sous les écorces d'arbres. — *Ghardimaou, El-Fedja, Fernana* (Dr Normand).

Algérie, Maroc, îles Canaries et Madère, Europe, Caucase, Orient [1].

Gen. **ILYOBATES** Kr. [1856].

I. crassicornis M. Qued. [1882] in *Berlin. ent. Zeitschr.* XXVI, 181.

Teboursouk (Dr Sicard).

Algérie, Maroc, Sicile, Syrie.

Gen. **CALODERA** Er. [1837].

Sect. I. *CALODERA* s. str.

C. riparia Er. [1837] *Käf. Mark Brandbg* 305. — *atricapilla* Scriba [1868].

Tunis (Vauloger).

Europe.

---

[1] Le *P. nitidiventris* Fauv. (*Rev. d'Ent.* [1900], 61) a été trouvé à Tebessa par M. J. Sahlberg ; il existe également en Europe.

Sect. II. *Ischnopoda* Steph.

(*Chilopora* Kr.).

C. longitarsis Er. [1839] *Käf. Mark Brandbg* 698. — *subnitida* Rey [1874].

Gabès (Alluaud).

Tripolitaine (Alluaud), Algérie, Maroc, Madère, région méditerranéenne, Perse, Sibérie.

Gen. **OCALEA** Er. [1837].

O. murina Er. [1840] *Gen. Spec. Staphyl.* 62. — *picipennis* Baudi [1857].

Endroits humides. — Nord de la Tunisie et tout le bassin de la *Medjerda;* Dj. *Meghila* (Vauloger).

Algérie, Maroc, Europe méridionale, Chypre, Syrie.

Obs. M. le Dr Normand a pris, à El-Fedja, un individu d'un autre *Ocalea* qui n'a pu être déterminé, en raison de son mauvais état de conservation (?*rufilabris* Sahlb. ou *rivularis* Mill.).

Gen. **ALEOCHARA** Grav. [1802].

Sect. I. *Aleochara* s. str.

A. laticornis Kr. [1856] *Naturg. Ins. Deutschl.* II, 88.

El-Fedja (Dr Normand).

Algérie, Europe méridionale, Asie Mineure.

A. clavicornis Redt. [1848] *Fauna Austr.* ed. 1, 822. — *Grenieri* Fairm. [1859].

Souk-el-Arba (Sedillot), *Teboursouk* (Dr Sicard), *Tunis, Kasserin, Sfax* (Vauloger), *Gabès* (V. Mayet), *Tozzer* (Abdoul-Kerim).

Tripolitaine, Algérie, Maroc, îles Canaries et Madère, Europe moyenne et région méditerranéenne.

A. Bonnairei Fauv. [1898] in *Rev. d'Ent.* XVII, 112.

Région désertique, sous les détritus végétaux ou animaux. — *Sfax* (Noualhier). Sahara algérien.

A. crassicornis Lacord. [1835] *Faune env. Paris* 531. — *rufipennis* Er. [1840]. — (Var.) *hæmatoptera* Kr. [1858].

Bords des ruisseaux. — Nord de la Tunisie.

Algérie, Maroc, Europe et région méditerranéenne, Caucase.

Obs. Les exemplaires africains appartiennent généralement à la var. *hæmatoptera* Kr. (marge des élytres non ou à peine enfumée).

A. puberula Klug [1832/3] *Ber. Madag. Col. (Abhandl. Ak. Wiss. Berlin)*, 139. — *Armitagei* Woll. [1854].

Toute la Tunisie.

Tripolitaine, Algérie, Maroc, îles Canaries, Madère et Açores, Europe moyenne et méridionale, etc. — Cosmopolite.

A. intricata Mannh. [1831] *Brach.* 66. — *bipunctata* ‡ Grav., Er. (nec Ol.).

Répandu en Tunisie.

Algérie, Maroc, Europe moyenne et méridionale, Perse septentrionale, Syrie.

A. crassa Baudi [1848] *Stud. entom.* 120.

Ghardimaou, Souk-el-Arba, Fernana, Tunis (Dr Normand), *Sousse* (Sedillot), *Gabès* (V. Mayet).

Algérie, Maroc, Europe méridionale, Égypte, Natal, Madagascar.

A. morion Grav. [1802] *Micr.* 97.

Fernana, Bulla-Regia, Souk-el-Arba (Dr Normand), *Teboursouk* (Dr Sicard).

Tripolitaine (Alluaud), Algérie, Maroc, îles Canaries et Madère, régions paléarctique et néarctique.

A. crassiuscula Sahlb. [1831] *Diss. Ins. Fenn.* I, 396. — *scutellaris* Lucas [1846].

Assez répandu en Tunisie.

Tripolitaine, Algérie, Maroc, îles Canaries et Madère, région paléarctique, Arabie.

A. tristis Grav. [1806] *Mon.* 170.

Assez répandu en Tunisie.

Algérie, Maroc, région paléarctique, Égypte, Djibouti.

A. lanuginosa Grav. [1802] *Micr.* 94.

Tunis (Vauloger), *Fernana, Teboursouk* (Dr Normand).

Algérie, Maroc, Europe, Caucase.

A. mœsta Grav. [1802] *Micr.* 96.

Dans les champignons. — *Aïn-Draham* (Sedillot).

Algérie, îles Canaries et Madère, Europe, Sibérie.

A. tenuicornis Kr. [1856] *Naturg. Ins. Deutschl.* II, 89, note. — *rufipes* ‖ Rey [1853].

Bizerte (Vauloger).

Algérie, Maroc, France occidentale, région méditerranéenne.

A. bipustulata L. [1761] *Fauna Svec.* ed. 2, 232. — *nitida* Grav. [1802].

Toute la Tunisie.

Tripolitaine, Algérie, Maroc, îles Canaries, Madère et Açores, régions paléarctique et néarctique, Japon, Abyssinie, Cap.

Sect. II. *RHEOCHARA* Rey.

A. cuniculorum Kr. [1859] in *Ann. Soc. ent. Fr.* [1858] Bull. p. 188.

El-Fedja (Dr Normand), *Tunis* (Vauloger).

Algérie, Maroc, Europe moyenne, Syrie, Caucase, Daourie.

Sect. III. *POLYSTOMA* Steph.

A. grisea Kr. [1856] *Naturg. Ins. Deutschl.* II, 96, note. — *littoralis* Woll. [1864].

Bords de la mer. — Cap *Kamart* (J. Sahlberg) et *Hammam-el-Lif* (Dr Chobaut), *Sousse* (Sedillot).

Algérie, Maroc, îles Canaries, Europe moyenne et méridionale.

Gen. **CRATARÆA** Thoms. [1858].
(*Haploglossa* ‖ Kr., *Microglotta* Kr.)

C. rubripennis Fauv. [1869] in *Mém. Soc. linn. Norm.* XV, 28.

Région désertique. — *Tozzer* (Abdoul-Kerim), *Douz* (Sedillot).

Sahara algérien.

C. suturalis Mannh. [1831] *Brach.* 82. — *prætexta* Er. [1837].

El-Fedja (Dr Normand).

Algérie, Europe, Caucase, Perse; Amérique septentrionale.

Gen. **STICHOGLOSSA** Fairm. [1856].
Sect. I. *STICHOGLOSSA* s. str.

S. semirufa Er. [1840] *Gen. Spec. Staphyl.* 128.

Ghardimaou (Dr Normand).

Algérie, Europe moyenne.

Sect. II. *ISCHNOGLOSSA* Kr.

S. corticina Er. [1839] *Käf. Mark Brandbg* 153.

Régions boisées. — *El-Fedja* (Dr Normand), *Camp-de-la-Santé* (Peyerimhoff), *Aïn-Draham* et extrémité occidentale de la *Kroumirie* (Sedillot).

Algérie (NE), Europe, Caucase.

Gen. **PIOCHARDIA** Heyd. [1870].
(*Oxysoma* ‖ Kr.).

P. Oberthüri Fauv. [1878] *Notices ent.* vi, 75.

Avec les Fourmis du genre *Myrmecocystus*, dans la région désertique. — *Kebilli* (Dr Normand).

Algérie désertique.

P. Schaumi Kr. [1857] in *Linnæa ent.* XI, 18, tab. 2, fig. 12.

Avec les Fourmis du genre *Myrmecocystus*. — *Souk-el-Arba* (Dr Normand), *Sbeïtla* (Sedillot).

Algérie, Égypte.

P. Bedeli Fauv. [1886] in *Rev. d'Ent.* V, 88.

Avec les Fourmis du genre *Myrmecocystus*. — *Fernana* (Dr Normand).

Algérie. – Palestine (sec. Wasmann)?

Gen. **OCYUSA** Kr. [1856].

Sect. I. *OCYUSA* s. str.

O. bimaculata Fauv. [1900] in *Rev. d'Ent.* XVIII [1899], 98.

Parmi les mousses. — Tunisie septentrionale : *El-Fedja*, *Aïn-Draham*, *Souk-el-Arba* (Dr Normand).

Espèce connue seulement de Tunisie.

Sect. II. *ZOOSETHA* Rey.

O. inconspicua Er. [1840] *Gen. Spec. Staphyl.* 116.

Teboursouk (Dr Normand).

Algérie, Europe moyenne et méridionale.

Gen. **OXYPODA** Mannh. [1831].

Sect. I.

O. opaca Grav. [1802] *Micr.* 89.

Toute la Tunisie septentrionale : *Kroumirie* (Sedillot), *Teboursouk* (Dr Normand), *Bizerte* (Vauloger), etc.

Algérie, Europe, Sibérie, Daourie.

O. sericea Heer [1839] *Fauna Helv.* 321. — *rugifrons* Woll. [1857].

Tunis (G. Doria), *Hammam-el-Lif* (J. Sahlberg), *Souk-el-Arba* (Dr Normand), *Teboursouk* (Dr Sicard).

Algérie, Maroc, Madère, Europe et région méditerranéenne, Caucase.

O. lurida Woll. [1854] *Cat. Col. Mader.* 179. — *perplexa* Rey [1860]. — *longula* Ch. Bris. [1863].

El-Fedja (Dr Normand), *Tunis* (G. Doria), *Makteur* (Vauloger).

Algérie, Maroc, îles Canaries et Madère, Europe et région méditerranéenne.

O. exoleta Er. [1840] *Gen. Spec. Staphyl.* 149. — *verecunda* Sharp [1871].

Assez répandu en Tunisie.

Algérie, Maroc; île de Fuerteventura (Alluaud), Europe et région méditerranéenne, Sibérie.

O. magnicollis Fauv. [1878] *Notices ent.* VI, 65.

Régions arides : sous les pierres, avec des Fourmis. — *Gilma* (Vauloger), *Oued Eddedj* au NE d'*El-Aïcïcha* (V. Mayet).

Algérie, Maroc, Espagne, Syrie.

O. amicta Er. [1840] *Gen. Spec. Staphyl.* 154. — *triangulum* Epp. [1884].

Aïn-Draham (Sedillot), *Teboursouk* (Dr Sicard).

Algérie, Maroc, Sardaigne, Sicile.

Sect. II. *Disochara* Thoms.

O. subnitida Rey [1874] *Brévip.* (*Aléochar.*), 313.

Teboursouk (Dr Sicard), *Dj. Meghila* (Vauloger); *Gabès* (Noualhier).

Algérie, Espagne, Languedoc, Provence, Sicile, Malte, Corfou.

O. ambigena Fauv. [1869] in *Mém. Soc. linn. Norm.* XV, 30.

Aïn-Draham, Souk-el-Arba (Dr Normand), *Tunis* (Alluaud).

Algérie, Espagne, Languedoc, Provence, Corse, Sardaigne, Sicile, Malte, Corfou, Syrie.

Obs. Les citations de Teboursouk (Dr Sicard) et de Gabès (Noualhier), qui figurent sous le nom d'*O. ambigena* dans la *Revue d'Entomologie* [1897], 360, s'appliquent à l'*O. subnitida*.

O. rugifera Fauv. [1886] in *Rev. d'Ent.* V, 78.

Souk-el-Arba (Dr Normand).

Algérie.

O. signifera Fauv. [1886] in *Rev. d'Ent.* V, 79.

Tunis (coll. Javet > Fauvel).

Espèce décrite d'après un individu un peu immature, le seul connu.

Sect. III. *Sphenoma* Mannh.

O. Punica Fauv. [1900] in *Rev. d'Ent.* XVIII [1899], 99.

Mousses humides, en hiver. — *El-Fedja* (Dr Normand).

Espèce connue seulement de Tunisie.

O. abdominalis Mannh. [1831] *Brach.* 69.

Tunis (G. Doria).

Algérie, Maroc, Espagne, Pyrénées, Suisse, Allemagne, Autriche, Russie.

Sect. IV. *Derocala* Rey.

O. caloderina Fauv. [1886] in *Rev. d'Ent.* V, 77.

Bulla-Regia (Dr Normand), *Teboursouk* (Dr Sicard).

Algérie, Maroc.

Sect. V. *Bæoglena* Thoms.

O. recondita Kr. [1857] *Naturg. Ins. Deutschl.* II, 182.

Ghardimaou (Dr Normand).

Algérie, Malte, Sicile, Espagne, France, Écosse, Prusse.

O. formosa Kr. [1857] *Naturg. Ins. Deutschl.* II, 176.

Aïn-Draham (Dr Normand).

Algérie, Europe moyenne et méridionale, Caucase.

Sect. VI. *Bessopora* Thoms.

O. hæmorrhoa Mannh. [1831] *Brach.* 76.

Assez répandu en Tunisie.

Algérie, Maroc, Europe et région méditerranéenne, Sibérie.

O. fuscula Rey [1853] ap. Muls. *Opusc.* II, 58. — *misella* Kr. [1856].

Bizerte (Vauloger).

Algérie, Espagne, Piémont, France, Angleterre, Caucase.

Gen. **PRONOMÆA** Er. [1837].

P. rostrata Er. [1837] *Käf. Mark Brandbg* 379.

Fernana (D' Normand).

Algérie, Maroc, Europe moyenne et méridionale, Perse.

Obs. L'orthographe des noms de localités est généralement celle du *Répertoire géographique* suivi dans toutes les publications de la Mission d'exploration scienti-fique de la Tunisie.

TABLE ALPHABÉTIQUE

DES FAMILLES ET DES GENRES.

Les noms des familles sont imprimés en petites capitales : CARABIDÆ. — Les noms des genres adoptés sont imprimés en romain : Amara. — Les noms des genres synonymes sont imprimés en italique : *Aristus.*

www.ingramcontent.com/pod-product-compliance
Lightning Source LLC
LaVergne TN
LVHW012322170726
843503LV00002B/730